高等教育规划教材

游戏设计基础与实践教程

田元 姚璜 管涛 编著

机械工业出版社

本书是一本介绍游戏设计与开发的实用教程，书中以 Visual C ++ 为开发平台，结合游戏编程的特点，将基础知识和程序实例进行融合。本书内容包括：游戏漫谈、游戏设计概论、Windows 编程简介、MFC 编程基础、动画机制、游戏中的数学物理算法、音效与音乐、捉猴子游戏的设计与开发、拼图游戏的设计与开发、扫雷游戏的设计与开发以及连连看游戏的设计与开发。

本书既可作为高等学校数字媒体技术、计算机、艺术等专业的游戏设计课程教材，也可作为游戏设计与开发人员的参考书。

本书配有授课电子课件，需要的教师可登录 www. cmpedu. com 免费注册，审核通过后下载，或联系编辑索取（QQ：2966938356，电话：010 - 88379739）。

图书在版编目（CIP）数据

游戏设计基础与实践教程/田元，姚璜，管涛编著 . —北京：机械工业出版社，2015.4
高等教育规划教材
ISBN 978 - 7 - 111 - 50559 - 4

Ⅰ. ①游…　Ⅱ. ①田…　②姚…　③管…　Ⅲ. ①游戏 - 软件设计 - 高等学校 - 教材　Ⅳ. ①TP311. 5

中国版本图书馆 CIP 数据核字（2015）第 133872 号

机械工业出版社（北京市百万庄大街 22 号　邮政编码 100037）
策划编辑：郝建伟　　责任编辑：郝建伟
责任校对：张艳霞　　责任印制：刘　岚
涿州市京南印刷厂印刷

2015 年 6 月第 1 版·第 1 次
184mm×260mm·15 印张·366 千字
0001 - 3000 册
标准书号：ISBN 978 - 7 - 111 - 50559 - 4
定价：39. 00 元

凡购本书，如有缺页、倒页、脱页，由本社发行部调换
电话服务　　　　　　　　　网络服务
服务咨询热线：（010）88379833　　机 工 官 网：www. cmpbook. com
读者购书热线：（010）88379649　　机 工 官 博：weibo. com/cmp1952
　　　　　　　　　　　　　　　教育服务网：www. cmpedu. com
封面无防伪标均为盗版　　金 书 网：www. golden - book. com

出 版 说 明

当前，我国正处在加快转变经济发展方式、推动产业转型升级的关键时期。为经济转型升级提供高层次人才，是高等院校最重要的历史使命和战略任务之一。高等教育要培养基础性、学术型人才，但更重要的是加大力度培养多规格、多样化的应用型、复合型人才。

为顺应高等教育迅猛发展的趋势，配合高等院校的教学改革，满足高质量高校教材的迫切需求，机械工业出版社邀请了全国多所高等院校的专家、一线教师及教务部门，通过充分的调研和讨论，针对相关课程的特点，总结教学中的实践经验，组织出版了这套"高等教育规划教材"。

本套教材具有以下特点：

1）符合高等院校各专业人才的培养目标及课程体系的设置，注重培养学生的应用能力，加大案例篇幅或实训内容，强调知识、能力与素质的综合训练。

2）针对多数学生的学习特点，采用通俗易懂的方法讲解知识，逻辑性强、层次分明、叙述准确而精炼、图文并茂，使学生可以快速掌握，学以致用。

3）凝结一线骨干教师的课程改革和教学研究成果，融合先进的教学理念，在教学内容和方法上做出创新。

4）为了体现建设"立体化"精品教材的宗旨，本套教材为主干课程配备了电子教案、学习与上机指导、习题解答、源代码或源程序、教学大纲、课程设计和毕业设计指导等资源。

5）注重教材的实用性、通用性，适合各类高等院校、高等职业学校及相关院校的教学，也可作为各类培训班教材和自学用书。

欢迎教育界的专家和老师提出宝贵的意见和建议。衷心感谢广大教育工作者和读者的支持与帮助！

机械工业出版社

前　言

　　游戏设计与开发是一个涉及多学科的领域，它不仅包括游戏策划、美工设计、音乐制作等艺术方面的知识，还包括程序设计、动画设计、网络编程等技术方面的知识，另外还需考虑管理、文化等诸多因素。因此，要设计并开发出一款广受欢迎的游戏佳作，需要各个领域的专业人才共同合作。

　　本书综合考虑游戏设计与开发强调技术与艺术相结合的特点，结合实际教学经验以及教学过程中学生的学习现状，采用了由易到难、循序渐进的编写模式。同时，本书强调理论与实践相结合，在本书的引导下，使读者能够独立自主地完成游戏的设计与开发。本书建议授课学时为48学时，实验学时24学时，并要求先修C语言。

　　全书共分为11章，其中第1章和第2章是介绍游戏设计相关的理论知识，主要介绍游戏的发展、需要用到的相关计算机知识、游戏的分类以及游戏设计的流程、组成、游戏引擎等知识。第3～7章讲解游戏开发所需具备的编程基础知识，包括Windows编程基础、MFC编程基础、动画机制、游戏中的数学物理算法以及音效与音乐，为后续的游戏实例开发打下基础。第8～11章详细讲解了捉猴子游戏、拼图游戏、扫雷游戏以及连连看游戏的设计与开发，每个实例都有详细的步骤讲解，力求使读者能够容易理解与掌握。

　　本书中所介绍的实例都是在Windows XP、Windows 7、Windows 8和Visual C ++ 6.0、Visual C ++ 2010环境下调试运行通过的。读者可根据书中实例提供的完整步骤，完成实例程序的设计、开发和发布。

　　本书由田元、姚璜和管涛编著。本书的顺利出版，要感谢华中师范大学教育信息技术学院的领导和老师给予的大力支持和帮助。同时，本书在编写过程中得到了华中师范大学国家数字化学习工程技术研究中心陈矛老师的悉心指导，对此深表感谢。

　　由于时间仓促，作者水平有限，书中难免存在疏漏之处，敬请读者指正，并提出宝贵意见。

编　者

目　　录

第1章 游戏漫谈

游戏和娱乐是人的天性，它几乎和人类文明相伴而生，同人类文明一样历史久远。从最初的以对现实生活的模拟、对生产技能的训练为基本内容的游戏，到当今以娱乐为主题的游戏，现代游戏的本质正在悄然发生着变化。

随着技术的进步，游戏的形式也发生了显著的变化，但其精神内核却始终未变——游戏是人类发明的一种愉悦身心的工具。娱乐已经成为我们这个时代的一个重要特征。游戏已经形成了一个庞大的产业，它是依托人的创造力和想象力，借助信息技术与艺术的融合进行创造的文化创意产业。据统计，60%的美国人把电子游戏作为一项日常娱乐。在德国、韩国、日本、中国等地，游戏已是国民生活中不可或缺的一部分。随着处理器性能按摩尔定律法则18个月倍增、网络带宽的大幅度提高、储存容量的提升和各种电子设备对游戏功能的整合，游戏电子设备急剧增长。游戏市场的发展日新月异，它已成为继文学、戏剧、绘画、音乐、舞蹈、建筑、电影、电视之后的第九艺术。

本章从游戏的发展、各种与游戏相关的计算机知识、游戏的本质以及游戏的分类对游戏进行简单介绍，让读者对游戏有基本的了解与认识。

1.1 游戏发展简史

游戏与人类文明相伴而生，在任何时期都有，并随着人类文明的发展而发展。特别是从20世纪70年代开始，电子游戏以一种商业娱乐媒体被引入，成为美国、日本等国家的重要的娱乐工业基础。在1983年美国游戏业萧条事件及继而重生后的两年，电子游戏工业经历了超过两个世代的增长，成为了达100亿美元的工业，并与电影业竞争成为世界上最获利的娱乐产业。下面我们来看一下游戏的发展历程。

1.1.1 游戏的起源

《史记·廉颇蔺相如列传》上有"请奏盆瓿秦王，以相游戏"。可见"游戏"两字是古已有之，流传甚久的词。游戏与舞蹈一样，在原始社会就出现了，在每一个古老的文化中都有。游戏产生之所以产生，主要原因包括以下几点。

1. 狩猎和战争的训练之需

古时，人们为了能够更好地狩猎，能够在战争中取得胜利，他们经常进行一些狩猎和战争的游戏，如图1-1所示。

在《战国策》和《史记》中就对我国古代的足球——蹴鞠进行了详尽的记录。在春秋战国时期，蹴鞠已经作为军队中重要的技巧训练项目以及考察评估兵将体能的方式。春秋战国时的兵制，以五人为伍，设伍长一人，共六人，当时作为军事训练的足球游戏，也是每方六人。战国时期，已经有了关于象棋的正式记载。由此可见，早期的象棋，是象征当时战

图1-1 狩猎和战争游戏

斗的一种游戏。在中国古代，围棋被列为士大夫们的修身之艺，属于琴、棋、书、画四艺之一。现在则被视为怡神益智的一种有益的活动。在棋战中，人们可以从攻与防、虚与实、整体与局部等复杂关系的变化中悟出某种哲理。

2. 娱乐的需要

人们通过玩游戏，达到娱乐的目的，如图1-2所示。早在15世纪，苏丹国统治下的马六甲一带地区兴起了一种藤球游戏。当时，人们在劳动之余，围成一圈，用头顶球、用脚踢球，使之不落地。这就是现代藤球运动的前身。这种轻松愉快、消除疲劳的方式很快便在东南亚一些国家传开了。

图1-2 娱乐游戏

3. 教化的需要

游戏是在特定时空中展开的娱乐活动，进入游戏要遵守规则，不遵守规则无法进行游戏。遵守规则即是学习生存本领，为进入社会进行准备；反过来说，学习本领和熟悉社会都是通过游戏规则实现的。因此，遵守游戏规则就是在被教化，娱乐与教化共存于游戏之中，所以游戏是娱乐与教化的融合，这种融合实质是娱乐与教化的对立统一。

《博物志》中有记载："尧造围棋以教子丹朱"。传说在中国两千多年以前的原始社会后期，有一个大王叫尧，他有一个儿子叫丹朱，丹朱小时候非常淘气而且头脑很笨，只知道和小伙伴玩"打仗游戏"，身上弄出许多伤疤，做什么事情都不动脑子，尧怕他将来成不了才，经过苦思冥想终于想出来一个教育儿子的好方法。一天，尧把丹朱叫到跟前对他说："你喜欢打仗游戏，既容易受伤，也不团结。现在我教你一种不用拳和脚的打仗游戏。"丹朱听后很高兴。尧让丹朱捡一些黑色和白色的小石子，然后在地上画了很多小方格，对丹朱说："黑石子给你，白石子给我，一个石子就是一个兵，你就是将军。咱们轮流在方格线上摆放石子，一次只许放一个，看谁的兵能把对方的兵围住，围住的石子就被消灭掉，必须把它拿走，"丹朱听了很感兴趣，就与尧在地上打起仗来。玩着玩着，丹朱发现自己的黑兵总被白兵消灭，急得抓耳挠腮，尧笑着对丹朱说："你失败是因为你不爱动脑筋，这与战场打仗一样，必须排兵布阵学习方法，否则是不能取胜的。你将来怎么能当个好将军呢？"丹朱受到了启发，从此以后再也不和小伙伴们瞎跑瞎闹了，而是向父亲学习这种游戏的本领，经常入迷地对着方格认真思考，悟出了许多打仗的方法和做人的道理，逐渐变得稳重、聪明了。当他长大以后，真正成为了一名能文善武的将军。尧帝教丹朱玩的这种游戏经过不断发展便成为现在的围棋。

4. 宗教目的

在中东和西方文化中，娱乐是一种与神交流的方式。宗教题材的游戏往往在游戏中渲染宗教氛围，给玩家一些深刻的印象，带来精神上的强烈冲击与感官上的刺激体验。

1.1.2 游戏的共性

早期游戏表现出的共性如下：

- 大量的动作、行为、体力和智力。
- 制定了明确的规则，要求大家必须去遵守。制定的规则可能是合乎自然规律的，可能是人为确定的。
- 具有挑战和障碍。
- 有赏罚，有目标，有输赢。
- 结构包括：开始，过程，结尾。
- 一个规定好的游戏场地（如球场、跑道、棋盘）。
- 游戏过程中伴随着复杂的心理体验：恐惧、紧张、担忧、喜悦、后悔、成就感等刺激和兴奋的体验。

1.1.3 游戏的发展

1. 近代游戏

较古代游戏，近代游戏并没有质的变化：

1）出现了一些新游戏。

2）对于已有游戏：修改了部分规则，强化了细节。

3）更具娱乐性和可观赏性。

近代游戏的代表——桌上游戏：

- 营造一个虚拟氛围，能够激发想象，满足幻想。
- 与竞技体育类似：有竞争，有输赢。
- 有故事元素，有个性鲜明的角色，有丰富的变化。
- 例如：麻将、象棋、扑克、跳棋、杀人游戏，等等。

其中极具代表性的桌上游戏之一：《大富翁》，又名地产大亨，是一种多人策略图版游戏。参赛者分得游戏金钱，凭运气（掷骰子）及交易策略，买地、建楼以赚取租金。英文原名 monopoly，意为"垄断"，因为最后只有一个胜利者，其余均破产收场。推出之后受到大众欢迎，如图 1-3 所示。

图 1-3　大富翁游戏

2. 现代游戏

电子和计算机技术发展的产物，通常称为电子游戏（Video Games），它是在自然游戏行为过程中，依靠电子设备作为媒介的娱乐行为。完善的电子游戏在 20 世纪末出现，改变了人类进行游戏的行为方式和对游戏一词的定义，属于一种随科技发展而诞生的文化活动。电子游戏早期是以主机运算、图形性能以及主要储存媒介为世代区分标准。平均大约一个世代历时 5～6 年，世代之间的游戏机性能差别很大。本书是根据游戏平台的发展历程来归纳现代游戏的发展过程。

（1）大型游戏机

大型游戏机（如图 1-4 所示），人们很容易就想到往日游艺场里热闹的场景。随着 21 世纪动漫行业的迅速发展，人们对大型游戏机的概念发生了一些变化，现在的大型游戏机逐步进入各个层次，已满足各个不同年龄人的需求和娱乐。另外，大型游戏机除了在大众娱乐方面具有良好的发展远景，还在军事、国防、医疗等方面有良好的发展远景。大型游戏机所采用的尖端计算机图形图像技术、多样化的软件程序设计、成熟的机械和电子技术，被充分运用在军事、国防及医疗等方面。从而显示出大型

图 1-4　大型游戏机

4

游戏机在降低行业技能培训成本等方面的独特优势。

大型游戏机的特点主要包括以下几个方面：

- 带有完整的外部设备，如显示器、音响、按钮、方向键、游戏杆等输入控制设备，玩家通过输入控制设备执行并处理游戏的动作。
- 游戏的相关内容固化在芯片中。
- 主要以体育和射击类游戏为主，可以为玩家提供专用的动作操作方式。

归纳起来，大型游戏机的优缺点如下：

- 集成了显示器与音响等多种多媒体设备，具有良好的现场感和震撼的身临其境的感觉。
- 操作接口针对专门的游戏而设计，硬件与软件配合较好，效果逼真。
- 开始游戏之前不需要进行任何安装操作，直接上机即可开始游戏。
- 由于游戏封装在芯片中，因此，一种游戏机仅提供一种游戏程序。
- 价格较高。

（2）TV游戏机

TV游戏机是专门针对TV游戏所设计的硬件设备，如图1-5所示，它具有竞赛或对抗性。游戏时，人们按照既定的游戏规则，发挥自己的技巧和智慧以求胜过对手。对手可能是人，也可能是内部的计算机。这种游戏机价格低，图像、伴音和游戏方法都比较简单，用电视机作为显示部件。1983年，任天堂公司正式在市场上推出了8位的红白机，并以游戏内容精彩、画面质量接近大型游戏机、价格便宜的优势，迅速风靡日本的玩具市场，很快又将其推向世界。此后，各种TV游戏机如雨后春笋般涌现。这类游戏机质量较好，游戏图像清晰、声音洪亮、色彩丰富、趣味性强，能单打、单跳或连打、连跳地进行游戏控制，还可选板、选场景等。

图1-5　TV游戏机

TV游戏机的特点主要包括以下几个方面：

- 与大型游戏机类似，仅仅只需要利用TV的显示器和音响作为输出装置。
- 需要设计专门针对TV的接口装置。
- 游戏内容固化在游戏卡或光盘里。

归纳起来，TV游戏机的优缺点如下：

- 安装比较方便，只需要连接相应的影音输出设备即可运行游戏。

- 更换存储设备（游戏卡或光盘），就能在同一台机器上玩不同的游戏。
- 与大型游戏机相比，价格较为低廉。
- 存储设备价格较高，造成盗版猖獗。
- 大多数机器无法连接网络，游戏只能同时供 1 ~ 2 人同时进行。

（3）掌上游戏机（Hand – held Game Console）

掌上游戏机又名便携式游戏机、手提游戏机或携带型游乐器，简称掌机，如图 1-6 所示。指方便携带的小型专门游戏机，它可以随时随地提供游戏及娱乐，是便携游戏的一类。掌机游戏一般具有流程短小、节奏明快的特点。由于其目的是供人们在较短时间内（如等车、排队的过程中）娱乐，所以不会像一般游戏那样具有复杂的情节；同时，由于硬件条件的限制，一般掌机的画面和声音都不如同时期的家用游戏机，这就对游戏设计者提出了更高的要求。

图 1-6　掌上游戏机

在亚洲地区，特别是日本和中国，掌机游戏具有大量的用户群，并带动了大量相关软、硬件产业的发展。这是因为掌机游戏具有便于携带和随时娱乐的特点，掌机游戏加入的收集、交换等要素进一步提升了这类游戏的魅力，已成为一种文化现象和符号，其每一新作都会成为青少年群体的话题。

掌上游戏机的特点主要包括以下几个方面：
- 体积小，便于携带，可以随时随地玩游戏。
- 以休闲益智类小游戏为主。

归纳起来，掌上游戏机的优缺点如下：
- 便携性高。
- 可与各种便携设备结合，使机器本身不仅能作为娱乐用途，更可发挥多功能设备的特点。
- 存在电池问题，续航能力不理想。
- 无法呈现完美的影音效果。

（4）计算机游戏（单机）

计算机游戏是以计算机为操作平台，通过人机互动形式实现的能够体现当前计算机技术较高水平的一种新形式的娱乐方式。

计算机游戏具有高度的互动性。所谓互动性是指游戏者所进行的操作，在一定程度及一定范围上对计算机上运行的游戏有影响，游戏的进展过程根据游戏者的操作而发生改变，而且计算机能够根据游戏者的行为做出合理性的反应，从而促使游戏者对计算机也做出回应，进行人机交流。游戏在游戏者与计算机的交替推动下向前进行。游戏者是以游戏参与者的身份进入游戏的，游戏能够允许游戏者进行改动的范围越大，或者说给游戏者的发挥空间越大，游戏者就能得到越多的乐趣。同时，计算机的反应真实与合理也是吸引游戏者进行游戏的因素。

另外，计算机游戏体现了目前计算机技术的较高水平。一般当计算机更新换代的同时，计算机游戏也会相应的发生较大的变更。当计算机从 486 时代进入 586 时代时，原本流行的 256 色的游戏被真彩游戏所取代；当光驱成为计算机的标准配件后，原本用磁盘作为存储介质的游戏也纷纷推出了光盘版；当 3D 加速卡逐渐流行起来时，就同时出现了很多必须要用 3D 加速卡才能运行的三维游戏；当计算机的 DOS 平台逐渐被 Windows 系列平台所更新时，DOS 的游戏就逐渐走向没落。计算机厂商——尤其是硬件厂商十分注意硬件与游戏软件的配合。很多硬件厂商都主动找到游戏软件开发公司，要求为他们的下一代芯片制作相应的能体现芯片卓越性能的游戏。所以有很多游戏在开发时所制定的必须配置都是超前的，以便配合新一代芯片的推出。一般硬件厂商在出售硬件（比如 3D 卡和声卡）时所搭配的软件总会是游戏占大多数。所以在家用计算机技术方面，游戏是比较能够体现当前技术的较高水平的，也是最能发挥计算机硬件性能的。

计算机游戏的主要特点包括：

- 具备强大的运算能力和丰富的外围设备，支持各种各样的软件平台和应用软件。
- 影音效果好，画面精美。

归纳起来，计算机游戏的优缺点如下：

- 综合了大型游戏和家用游戏的优点，不仅具有强大的影音效果，还可以随意切换各种游戏。
- 由于每款游戏对计算机硬件的要求标准不同，往往存在兼容问题。
- 具有高度互动性。
- 对计算机的硬件配置要求较高。
- 游戏的安装与运行过程比较复杂，特殊的输入装置需要另行购买。

（5）网络游戏（Online Game）

网络游戏，又称"在线游戏"，简称"网游"，是指以互联网为传输媒介，以游戏运营商服务器和用户计算机为处理终端，以游戏客户端软件为信息交互窗口的旨在实现娱乐、休闲、交流和取得虚拟成就的具有可持续性的个体性多人在线游戏。

网络游戏是与单机游戏区别而言的，是指玩家必须通过互联网连接来进行多人游戏。一般指由多名玩家通过计算机网络在虚拟的环境下对人物角色及场景按照一定的规则进行操作以达到娱乐和互动目的的游戏产品集合。单机游戏模式多为人机对战，因为其不能连入互联网而使玩家与玩家互动性差了很多，但可以通过局域网的连接进行有限的多人对战。具体而言，两者区别如下：

1）网络游戏是网络游戏运营商采用专业的游戏服务器进行管理和运营，才能让网络游戏玩家在娱乐时让网络游戏的属性和数据进行存储和变化（例如等级、攻击力、防御力等），但因为网络游戏的终端并不是在本地，所以网络游戏才必须依靠互联网才可正常运转。单机游戏都具有本地游戏服务器，即单机游戏的属性和数据都是由本地游戏服务器来进行存储和变化，所以单机游戏不依靠互联网也可正常运转，并且部分单机游戏的本地游戏服务器也具有互联网联机的功能，在互联网下玩家可与其他互联网玩家进行互相娱乐。

2）因为网络游戏需求大众化，可以让更多的玩家只需普通配置即可进行娱乐，所以在画面、剧情、音乐等方面上无法与单机游戏进行对比。单机游戏因为注重画面、剧情、音乐、可玩性等元素，所以在这些方面上会更加真实、丰富、生动。

3）单机游戏因为在画面、剧情、音乐、可玩性等方面比网络游戏更加优良，所以要求的配置也相对较高（例如战地系列、使命召唤系列），在要求的配置中，对显卡和CPU最为苛刻。而网络游戏因为需求大众化，所以在配置等方面只需普通配置即可。

4）因为单机游戏需求的配置相对较高，所以在占用系统资源方面上也有了提高，特别是占用硬盘空间方面上，通常一款单机游戏需要几吉比特（GB）甚至十几吉比特（GB）、几十吉比特（GB）的大小。而网络游戏占用系统资源方面上相对较低，占用硬盘空间也不及单机游戏。

5）单机游戏对于"作弊"或"辅助"的方式进行游戏是不受到限制的。而网络游戏因为都具有网络游戏安全系统（也可称为反外挂系统，因为网络游戏的作弊程序都叫外挂，此类系统具有让网络游戏平衡运转，防止作弊等功能），所以对作弊的限制是非常苛刻的。

6）通常的单机游戏都会有相应的续作，续作的单机游戏是在前作的基础上再次对画面、剧情、音乐等方面进行各个方面的提高，而一款单机游戏的续作都会在前作发布的一两年或两三年后才会进行发布。而网络游戏并没有续作之说，只会进行相应的更新，网络游戏在更新后可带来更加新鲜的娱乐，而在画面方面网络游戏并不会进行相应的提高，因为网络游戏最初一旦开发完成并且正式运营时画面就已经定型。

网络游戏的诞生让人类的生活更丰富，从而促进人类社会的进步，丰富了人类的精神世界和物质世界，让人类的生活品质更高，生活更快乐。

网络游戏的主要特点包括以下几个方面：
- 依靠网络传输和通信技术的发展。
- 既可以人机对弈也可以实现人与人竞争。
- 具有互动和竞争，游戏过程中还可以用语言沟通。

归纳起来，网络游戏的优缺点如下：
- 可以与全世界各国各地的人进行游戏竞技。
- 受限于网络带宽、速度和电脑配置的原因，画质一般都不会很高。
- 题材较窄，早年因为网络延迟的问题，不敢涉足操作性较强的游戏类型。

（6）虚拟现实游戏

虚拟现实游戏是利用某些特殊设备与计算机3D仿真技术，营造一个虚拟的系统，如图1-7所示。通过用户与计算机的交互，使用户仿佛置身于真实的环境，同时得到视觉、听觉和触觉上的反馈，例如运动、控制物体等。常用于室内旅游、数字博物馆、驾驶训练等领域。

虚拟现实技术在游戏模拟方面展现了出它的强大优势。它可以模拟任何世界上客观存在的物质，也可以模拟人脑中抽象出来的精神物质，通过人类智慧结晶，以数字化的表现形式展现于人，它将虚拟现实技术的逼真性、互动性、沉浸性和构想性表现得淋漓尽致。传统的游戏技术，其目的、性质、技术应用重心放在满足人们娱乐、有情趣、快乐等精神需要。而且，传统的游戏将玩家拒之于显示器之外，与玩家的互动仅仅局限于显示器内角色的行走跑跳，只要经过碰撞测试就不会出现穿墙或贴图错误等穿帮问题。但是游戏随着时代、技术的

图1-7　虚拟现实游戏

发展，模拟体验类游戏所占比重越来越大，人们更倾向于把自己放入一个真实的环境中身临其境地感受自己喜爱的游戏，而不是只局限于打打键盘、点点鼠标了。虚拟现实技术就实现了人们的这一疯狂梦想，它创造一个包括三维模型、三维声音、三维人物和其他资源逼真的虚拟世界，满足了人们的欲求，让人们实现了梦想与未来，体验了现实和常规情况下不能完成的内容。虚拟现实技术使玩家与游戏中的角色合二为一，让玩家真实地体验到游戏中的角色就是自己，自己就是游戏中的角色，而玩家通过一系列真实的头盔显示器和数据手套等交互设备就能操控游戏中的角色。计算机可以阻止一个虚假的图像在墙壁前停止，但它却很难阻止真人的行动。在虚拟现实游戏中，操作者在虚拟空间中的运动是不受限制的，可以自由出入于这个空间。这也是传统模拟游戏与虚拟现实技术制作的新的交互游戏之间存在的最大差别。

　　虚拟现实游戏所具有的逼真的互动性，给互动娱乐提供了新的可能性，沉浸式的环境预示着新世纪的娱乐形式。时至今日，虚拟现实技术在游戏领域的应用上，尽管存在着很多技术上的问题，但虚拟现实技术在游戏市场的应用上还是越来越多。

1.2　相关计算机知识

　　在游戏制作过程中，由于开发环境和将来的运行环境不同，要求的计算机配置也就不同，因此，设计者有必要了解相关的计算机知识。

1.2.1　软硬件要求

1. 计算机硬件

　　在玩游戏时，对计算机的计算速度、显示速度、显示效果以及音质要求高。特别是3D游戏，所有的模型和逼真的效果，都是由计算机实时渲染出来的。游戏推动了计算机业的发展。游戏型个人计算机（Personal Computer，PC）的配置要高于学习型和商用PC，下面将简单介绍各种与游戏相关的计算机硬件信息。

　　1）中央处理器（Central Processing Unit，CPU）。中央处理器是计算机的运算核心和控制核心，当今大部分游戏一般要求配置多核处理器。多核处理器把两个或两个以上的处理器集成在一块芯片上，从而增强计算能力，避免资源闲置，有效运用资源，提高数字娱乐应用领域的性能。

　　2）内存（Memory）。内存是计算机中重要的部件之一，它是与CPU进行沟通的桥梁。

计算机中所有程序的运行都是在内存中进行的，因此内存的性能对计算机的影响非常大。越精致复杂的游戏，需要的内存越多。

3）显卡。显卡控制计算机图形图像的输出，影响屏幕画面显示的速度、颜色以及分辨率等。通过渲染，对游戏中的光照、纹理、材质、阴影等进行处理，提高物体的立体感和真实感。在游戏中特别是3D游戏中，往往会使用3D加速功能，它在显卡中集成了运算器来对图形和图像进行计算，减少对CPU的占用以加快显示速度。

4）显示器。显示器属于计算机的输出设备。它是一种将一定的电子文件通过特定的传输设备显示到屏幕上再反射到人眼的显示工具。显示器分为CRT显示器、LCD显示器、LED显示器、3D显示器等。

5）音响。好的音响效果对游戏的音效呈现有重要的影响。

6）游戏控制设备。游戏控制设备包括键盘、鼠标、游戏杆、方向盘、掌上型控制器等。

2. 编程语言

在进行游戏开发之前，需要确定采用哪种程序设计语言作为开发工具。目前常用的游戏开发语言主要有：C语言、C++、Java等。下面介绍了几种用于游戏开发的主要编程语言，并分析了各自的特点。

（1）C/C++：功能强大，易学难精

在众多编程语言之中，C/C++是最受欢迎、使用广泛、功能强大的语言。C语言是最接近汇编语言的高级语言，代码效率高，可以对部分硬件直接访问，且移植性好，如UNIX就是用C语言开发的。C++语言是结构化语言与面向对象语言的完美结合。目前，80%以上的游戏都是用C/C++或者是C/C++加脚本语言来开发的。

（2）Java：跨平台能力，运行速度相对慢

Java自面世后就非常流行，发展迅速，对C++语言形成了有力冲击。Java技术具有卓越的通用性、高效性、平台移植性和安全性，广泛应用于游戏控制台的设计。

（3）Flash & Action Script：依靠Action Script，可以做一些2D小游戏

Flash适于制作动画和小游戏。Flash可以看作是一个制作平台或一个引擎，同直接用高级语言来编程相比，利用专门的平台来制作游戏当然效率更高，特别是在绘制图形、控制外部图片以及导入音频方面。游戏都是有一定的逻辑的，如用户交互、提示输入的合理性、判断输赢，这必须由专门的语言来完成，Flash使用的是Action Script。

3. 计算机软件

除了掌握编程语言之外，进行游戏的开发还需要熟悉一些常用的软件开发平台、掌握游戏引擎的使用和设计、了解计算机图形学相关知识以及掌握三维模型和动画的制作。具体介绍如下。

1）软件开发平台。软件开发平台是一个集成开发环境（Integrated Development Environment，IDE），是用于程序开发环境的应用程序，一般包括代码编辑器、编译器、调试器和图形用户界面工具，就是集成了代码编写功能、分析功能、编译功能、Debug功能等一体化的开发软件套。所有具备这一特性的软件或者软件组都可以叫作IDE，如微软的Visual Studio、Visual Studio. Net系列，Borland的C++Builder等。

2）GDI（Graphics Device Interface）。它的主要任务是负责系统与绘图程序之间的信息交换，处理所有Windows程序的图形输出。GDI的出现使程序员无须关心硬件设备及设备驱

动，就可以将应用程序的输出转化为硬件设备上的输出，实现了程序开发者与硬件设备的隔离，大大方便了开发工作。

3）GDI +。GDI + 是 Windows XP 中的一个子系统，它主要负责在显示屏幕和打印设备上输出有关信息，它是一组通过 C ++ 类实现的应用程序编程接口。顾名思义，GDI + 是以前版本 GDI 的继承者，GDI + 对以前的 Windows 版本中的 GDI 进行了优化，并添加了许多新的功能。

4）OpenGL（Open Graphics Library）。OpenGL 是个定义了一个跨编程语言、跨平台的编程接口规格的专业图形程序接口。它用于三维图像（二维的亦可），是一个功能强大、调用方便的底层图形库，且与平台无关。

5）DirectX（Direct Extension，简称 DX）。DirectX 是由微软公司创建的多媒体编程接口，由 C ++ 编程语言实现。它加强了 3D 图形的显示效果和声音的效果，并为设计人员提供一个共同的硬件驱动标准，让游戏开发者不必为每一品牌的硬件来写不同的驱动程序，降低了用户安装和设置硬件的复杂度。但 DX 由于是微软公司开发的，所以只能在 Windows 平台上使用。

6）3ds Max。3D Studio Max 的常简称为 3ds Max 或 MAX，是 Discreet 公司开发的（后被 Autodesk 公司合并）基于 PC 系统的三维动画渲染和制作软件。其前身是基于 DOS 操作系统的 3D Studio 系列软件。在 Windows NT 出现以前，工业级的 CG 制作被 SGI 图形工作站所垄断。3D Studio Max + Windows NT 组合的出现降低了 CG 制作的门槛，首先开始运用在计算机游戏中的动画制作，后开始参与影视片的特效制作，例如《X 战警 II》、《最后的武士》等。3ds Max 制作流程十分简洁高效，可以很快上手；在国内拥有最多的使用者，便于交流，教程也很多。它被广泛应用于游戏、三维动画、多媒体制作、广告、影视、工业设计、建筑设计、辅助教学以及工程可视化等领域。

1.2.2　游戏行话

为了统一标准，方便各个行业更好的交流学习，不同的行业有不同的行话，以下是游戏中比较常见的一些游戏行话。

1）NPC。非玩家人物（Non Player Character），不是由玩家控制的、而是由计算机控制的人物，这些人物会提示玩家重要的情报或线索，使玩家可以继续进行游戏。

2）Experience Point。经验点数（Experience Point），以数值计量人物的成长。当经验点数达到一定数值之后，人物可以将自己的能力升级，同时功力会变得更加强大。

3）Alpha 测试。游戏公司内部进行的测试，在开发者可控环境下的测试。

4）Beta 测试。交由选定的外部玩家单独进行测试，不在可控环境下的测试。

5）PK。Player Kill Player，游戏中一个玩家杀死另外一个玩家。

6）FPS。Frames Per Second，每秒显示的画面帧数。

7）Level。关卡。

8）Storyline。剧情，故事。

9）RPG。Role Play Games，角色扮演游戏。

10）骨灰。形容游戏在过去相当知名，且该游戏可能不会再推出新作或已停产。

11）游戏补丁。游戏公司为弥补游戏原来版本的缺陷，在原版程序、引擎、图像的基础上，新增包括剧情、任务、武器等元素的内容。

12）Bug。程序漏洞。

13）Boss。大头目，游戏中出现的强大有力且难缠的对手，在整个游戏过程中只出现一次，一般出现在某一关的最后。

14）HP。Hit Point，生命力，游戏中人物或作战单位的生命值。

15）MP。Magic Point，魔法值。

16）Round。回合，格斗类游戏中双方较量的回合。

17）小强。蟑螂的别名，游戏中代表打不死的意思。

18）必杀技。在格斗类游戏中出现，利用特殊的摇杆法或按键组合使用出来的特别技巧。

19）密技。游戏设计人员遗留下来的 Bug 或故意设置的小技巧，在游戏中输入某些指令或做了某些事情就会发生一些意想不到的事。

1.3　游戏的本质

柏拉图（古希腊伟大的哲学家，西方客观唯心主义的创始人）对游戏的定义：游戏是一切幼子（动物的和人的）生活和能力跳跃需要而产生的有意识的模拟活动。

辞海对游戏的定义：以直接获得快感为主要目的，且必须有主体参与互动的活动。这个定义说明了游戏的两个最基本的特性：① 以直接获得快感（包括生理和心理的愉悦）为主要目的，主体参与互动。② 主体参与互动是指主体动作、语言、表情等变化与获得快感的刺激方式及刺激程度有直接联系。

计算机游戏只有表现和特征，没有严格的定义，是以计算机为操作平台，通过人机互动方式实现的一种娱乐方式。它的基本特征是：具有特定行为模式、规则条件、娱乐性、输赢胜负，玩家在游戏过程中假扮为某个角色，做着一些虚构的事情，在玩的过程中，有多个选择、有行动自由、能选择如何去行动，具有刺激性和吸引力，有益于满足个人幻想和角色扮演的需要。

1.4　游戏分类

现阶段呈现给玩家的游戏样式多种多样，很多玩家都不知道自己玩的是什么类型的游戏，而目前有很多不同的游戏分类方式，尚无统一标准。本节将游戏分为以下几类。

1.　角色扮演类游戏（RPG）

角色扮演类游戏（Role‑playing Game）是由玩家扮演游戏中的一个或数个角色，有完整的故事情节的游戏。玩家可能会与冒险类游戏混淆，其实区分很简单，RPG 游戏更强调的是剧情发展和个人体验，一般来说，RPG 可分为日式和美式两种，主要区别在于文化背景和战斗方式。日式 RPG 多采用回合制或半即时制战斗，如《最终幻想》系列，大多国产中文 RPG 也可归为日式 RPG 之列，如大家熟悉的《仙剑》、《剑侠》等；美式 RPG 如《暗黑破坏神》系列。

2.　动作类游戏（ACT）

动作类游戏（Action Game）是由玩家控制游戏人物用各种武器消灭敌人以求过关的游

戏。不追求故事情节，计算机上的动作类游戏大多脱胎于早期的街机游戏和动作游戏如《魂斗罗》、《三国志》、《鬼泣》系列等，设计主旨是面向普通玩家，以纯粹的娱乐休闲为目的，一般有少部分简单的解谜成分，操作简单，易于上手，紧张刺激，属于"大众化"游戏。

3. 冒险类游戏（AVG）

冒险类游戏（Adventure Game）是由玩家控制游戏人物进行虚拟冒险的游戏。与 RPG 不同的是，AVG 的特色是故事情节往往是以完成一个任务或解开某些谜题的形式出现的，而且在游戏过程中刻意强调谜题的重要性。AVG 也可再细分为动作类冒险游戏（Action Adventure Game，AAG）和解迷类冒险游戏两种，动作类冒险游戏可以包含一些格斗或射击成分，如《生化危机》系列、《古墓丽影》系列、《恐龙危机》等；而解迷类冒险游戏则纯粹依靠解谜拉动剧情的发展，难度系数较大，其代表是经典的《神秘岛》系列。

4. 策略类游戏

策略类游戏（Strategy Game）是玩家运用策略与计算机或其他玩家较量，以取得各种形式胜利的游戏。按游戏进行方式划分，策略游戏可分为回合制和即时制两种，回合制策略游戏如大家喜欢的《三国志》系列、《樱花大战》系列；即时制策略游戏如《命令与征服》系列、《帝国》系列、《沙丘》等。

5. 战略类角色扮演（SRPG）

战略类角色扮演（Simulation Role – playing Game），原本角色扮演和战略应该不能结合，但是如《火焰之纹章》之类的游戏，因为操控小队进行大地图回合制战斗，极具战略型（还因此被称为战棋类游戏），而且对人物进行培养扮演参与剧情也是很重要的游戏内容，因此被玩家划归为是 SRPG。

6. 即时战略类游戏（RTS）

即时战略类游戏（Real – Time Strategy Game）是本来属于策略类游戏的一个分支，但由于其在世界上的迅速风靡，使之慢慢发展成了一个单独的类型，知名度甚至超过了策略类游戏，有点像现在国际足联和国际奥委会的关系。代表作有《红色警戒》系列、《魔兽争霸》系列、《帝国时代》系列、《星际争霸》等。后来，又衍生出了"即时战术游戏"，多以控制一个小队完成任务的方式进行游戏，突出战术的作用，以《盟军敢死队》为代表。

7. 格斗类游戏（FTG）

格斗类游戏（Fighting Game）是由玩家操纵各种角色与计算机或另一玩家所控制的角色进行格斗的游戏。按画面呈现技术可再分为 2D 和 3D 两种，2D 格斗类游戏有著名的《街霸》系列、《侍魂》系列、《拳皇》系列等；3D 格斗类游戏如《铁拳》、《高达格斗》等。此类游戏谈不上什么剧情，最多有简单的场景设定，或背景展示，场景、人物、操控等也比较单一，但操作难度较大，主要依靠玩家迅速的判断和微操作取胜。

8. 射击类游戏（STG）

射击类游戏（Shooting Game）并非是类似《VR 特警》的模拟射击（枪战），而是指纯的飞机射击，由玩家控制各种飞行物（主要是飞机）完成任务或过关的游戏。此类游戏分为两种，一种叫科幻飞行模拟游戏（Science – Simulation Game），非现实的，以想象空间为内容，如《自由空间》、《星球大战》系列等；另一种叫真实飞行模拟游戏（Real – Simulation Game），以现实世界为基础，以真实性取胜，追求拟真，达到身临其境的感觉，如

《Lockon》系列、《DCS》、《苏 – 27》等。

9. 第一人称视角射击游戏（FPS）

第一人称视角射击游戏（First Personal Shooting Game），严格来说属于动作游戏的一个分支，但和 RTS 一样，由于其在世界上的迅速风靡，使之发展成了一个单独的类型，典型的代表作有《使命召唤》系列、DOOM 系列、QUAKE 系列、《虚幻》、《半条命》、《CS》，等。

10. 第三人称视角射击游戏（TPS）

第三人称视角射击游戏（Third Personal Shooting Game）和第一人称射击游戏一样，是射击游戏的一种。但它与第一人称射击游戏的区别在于第一人称射击游戏里屏幕上显示的只有主角的视野，只能看到手持武器等控制。而第三人称射击游戏更加强调动作感，主角在游戏屏幕上是可见的。如《生化危机》系列，这个游戏可以归为 AAG，也可以归为 TPS；《合金弹头》系列，掺杂了 ACT 的部分；《质量效应》系列则是典型的角色扮演类射击游戏。

11. 益智类游戏（PZL）

益智类游戏（Puzzle Game），Puzzle 的原意是指用来培养儿童智力的拼图游戏，引申为各类有趣的益智游戏，总的来说适合休闲，最经典的就是《俄罗斯方块》。

12. 体育竞技类游戏（SPG）

体育竞技类游戏（Sports Game）是在计算机上模拟各类竞技体育运动的游戏，花样繁多，模拟度高，广受欢迎。比如《FIFA》系列、《NBA Live》系列、《实况足球》系列等。

13. 竞速类游戏（RCG）

竞速类游戏（Racing Game）是指在电脑上模拟各类赛车运动的游戏，通常是在比赛场景下进行，非常讲究图像音效技术，往往代表着计算机游戏的尖端技术，惊险刺激，真实感强，深受车迷喜爱。代表作有《极品飞车》、《山脊赛车》、《摩托英豪》等。另一种说法称之为"Driving Game"。目前，RCG 内涵越来越丰富，出现了另一些其他模式的竞速游戏，如赛艇、赛马等。

14. 卡片游戏（CAG）

卡片游戏（Card Game）是一种玩家操纵角色通过卡片战斗模式来进行的游戏。丰富的卡片种类使得游戏富于多变化性，给玩家带来无限的乐趣，代表作有著名的《游戏王》系列、《万智牌》系列，从广义上说《王国之心》也可以归于此类。

15. 桌面游戏（TAB）

桌面游戏（Table Game），顾名思义，是从以前的桌面游戏脱胎到计算机上的游戏，如各类强手棋（即掷骰子决定移动格数的游戏），经典的如《大富翁》系列；棋牌类游戏也属于 TAB，如《拖拉机》、《红心大战》、《麻将》等。

16. 音乐游戏（MSC）

音乐游戏（Music Game）是指培养玩家音乐敏感性，增强音乐感知的游戏。伴随着美妙的音乐，有的要求玩家翩翩起舞，有的要求玩家手指体操，例如大家都熟悉的跳舞机，就是一个典型，《劲乐团》也属其列。

17. 手机游戏

手机游戏是指运行于手机上的游戏软件。随着科技的发展，现在手机的功能也越来越多，越来越强大，手机游戏发展到了可以和掌上游戏机媲美，具有很强的娱乐性和交互性的复杂形态了。其经典代表作有：《愤怒的小鸟》、《植物大战僵尸》、《找你妹》等。

18. 泥巴游戏（MUD）

泥巴游戏，主要是依靠文字进行的游戏，图形作为辅助。1978 年，英国埃塞克斯大学的罗伊·特鲁布肖用 DEC – 10 编写了 MUD 游戏——"MUD1"，是第一款真正意义上的实时多人交互网络游戏，这是一个纯文字的多人世界。其他代表作有：《侠客行》、《子午线59》、《万王之王》等。

1.5 小结

通过本章的学习，读者对游戏的起源、共性和发展过程有了基本的了解，知道了游戏相关的计算机知识、软硬件要求以及常用的游戏行话，对游戏的本质有了更进一步的理解。除此之外，还知道了各种游戏的分类，粗略了解了各分类的特点，并对各分类中的代表作也有了一定的认识。

1.6 思考题

1. 简述游戏产生的原因。
2. 请列举 3 种游戏类型，并分别给出一个具有代表性的游戏。
3. 谈谈虚拟现实游戏与其他游戏的区别。
4. 显卡的作用是什么？试说明一下。
5. 什么是软件开发平台？它的功能是什么？列举 1 ~ 2 个常用的软件开发平台。

第2章 游戏设计概论

游戏设计是指设计游戏的内容和规则。好的游戏设计是这样一个过程：创建能激起玩家通关热情的目标，以及玩家在追求这些目标时做出的有意义的决定需遵循的规则。

2.1 游戏的设计流程

游戏设计流程与软件开发流程相似，游戏首先是软件，是用来娱乐的软件，游戏设计就是软件开发。同时，游戏是带有艺术元素的软件，在游戏开发中渗透着艺术创作的行为，要兼顾艺术创作的特点。由于游戏行业太年轻，技术发展变化太快，以至于还没有标准化的设计流程，但可以参考软件的设计流程，如图2-1所示。

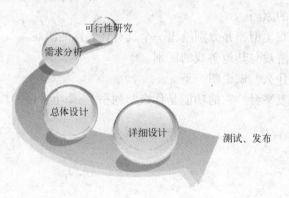

图2-1 软件设计流程

2.1.1 需求分析

需求分析是指充分了解用户情况及理解用户的需求，就软件功能与用户达成一致，并与用户一起讨论对系统的具体要求，估计软件风险和项目代价，最终形成开发计划的一个复杂过程。在游戏开发过程中，需求分析阶段就是确定要计算机"做什么"，要达到什么样的效果。在这个阶段，我们需要考虑：游戏的定位是什么，需要做什么以及做什么样的游戏。具体如下所述。

1）目标群体是什么？
- 年龄群体与分布。
- 性别。
- 游戏类型（是休闲还是战斗？）。
- 收入/教育状况。
- 其他一些需要考虑的因素。

2）玩家的角色和目标是什么？

- 玩家扮演什么角色？
- 玩家需要做什么？
- 玩家的终极目标是什么？

3）玩家要面对什么样的挑战？

- 物理障碍。
- 强劲的敌手。
- 层出不穷的敌手。
- 需要去解决的难题和迷。

4）游戏的场景设在哪里？

- 什么类型的世界？现实的，虚拟的，还是科幻的？
- 主要场景是什么。
- 时代和时间跨度是多少。

5）游戏类型是什么？

- 类型/流派：游戏所具有的共性。
- 目前并无明确的定义，很多是复合型的可以按照游戏内容、玩家人数、游戏平台等方式进行划分。

6）其他需要考虑的一些问题。

- 游戏的名字：既要简短又要能体现出游戏的类型、游戏大致是玩什么的。
- 所设计的游戏的目的：纯粹是娱乐，还是带有实用目的，如教育和培训、信息传播、推广产品，广告、征募、社区建设等。
- 游戏平台。

7）功能需求。

- PC 的最低配置和推荐配置：操作系统、CPU、内存、硬盘、光驱、音/视频系统等。
- 网络带宽要求。

8）操作需求。

- 对玩家操作方式的要求：鼠标、键盘、游戏杆或其他输入装置。

2.1.2　可行性分析

在了解和分析用户的需求后，就需要预测整个项目的可行性。可行性分析要求以全面、系统的分析为主要方法，经济效益为核心，围绕影响项目的各种因素，运用大量的数据资料论证拟建项目是否可行。要回答一系列问题，回击别人的疑问和质疑，特别是投资方的疑问：为什么要制作该游戏？简而言之，主要包括以下几个部分。

1）经济可行性：有市场需求吗？能盈利吗？

2）娱乐召唤力：是否好玩，有特色？

3）技术可行性：现有技术能开发这个软件吗？

1. 经济可行性——利润、成本与风险

2007 年，美国销售的视频游戏和游戏机价值超过 100 亿美元，而全美电影票房总值为 95 亿美元。2010 年，中国互联网和移动网游戏市场规模合计为 349 亿元，同比增长 26%。其中互联网游戏 323 亿元，增长率 25%；移动网游戏 26 亿元，增长率 40%。2011 年，我国网络游戏市场规模达到了468.5亿元，较2010年增长了34%。来自网络游戏的纯利润通常达到60%以上，一款好的网络游戏，以几十万用户数来计算的话，一个月的收入则不止几千万元了，而游戏在投入方面也就几千万元。

但事实上，只有很少的游戏能盈利。一些游戏在发布后9～18个月后才开始盈利，销售额要达到50万元才能实现收支平衡。

另外，经济可行性分析还要从开发周期、人员构成与人力成本、成本预算、营销策略和预期收益五方面考虑。

2. 娱乐召唤力——能否满足人们娱乐的需求？

在考虑娱乐召唤力这个因素时，我们需要从以下几个方面着手。

1) 如何让它令人兴奋？

2) 什么使得它与众不同？

3) 什么使它有吸引力？

4) 该游戏能否具备如下要素中的几个甚至全部？

- 好玩，有趣。
- 有挑战性：设置了一些挑战、障碍或难题，激发人战胜困难的斗志。
- 能赋予成就感：在赢得挑战后，有奖赏、加分（金币）、晋级等。
- 带来英雄体验：给予玩家有亲身参与（领导）重大历史事件、叱咤风云、运筹帷幄的体验。
- 带来美的享受：场景美，音乐美，音效逼真，故事情节美。
- 情感体验：有情感投入，如喜悦、紧张、愤怒、温暖、爱情等。

3. 技术可行性

技术可行性是指使用现在的软件技术能否实现需要的软件系统。技术可行性主要包括两个部分：技术方案和技术能力与成本。

（1）技术方案

- 采用什么样的编程语言、图形 API 和数据库？
- 单机游戏还是网络游戏？
- 是否支持多种操作系统和平台？
- 能否支持信息的实时传输？
- 能否支持大用户量的并发访问？

（2）技术能力与成本

- 技术方案的成熟性与先进性？
- 技术方案的成本？
- 是否具有相应技术基础？

除了上述要求之外，分析人员还需要为每一个可行性的解法指定一个粗略的实现进度。如果都是可行的，那么分析人员应该推荐一个较好的解决方案，并制作一个初步的项目计划。

2.1.3 总体设计

在总体设计阶段，需要确定系统的具体实现方案。通过功能分解，划分出组成游戏的物理元素，包括程序、模型与美工、数据库、文件（包括视频音频文件）以及文档。游戏设计文档应该包括的内容有定义游戏、核心可玩性、游戏环境、讲故事、覆盖游戏所有内容等。

1. 定义游戏

（1）尽量清楚地说明游戏

用正确清晰的语言来描述游戏创意。应该描述游戏场景、可玩性以及促使玩家喜欢玩这个游戏的原因。例如，这样描述一个场景游戏《吃豆先生》：由一个单独的操作杆控制，玩家控制游戏角色——吃豆先生，通过吃掉迷宫中的豆子使迷宫清晰起来。玩家的敌人是4个可爱的彩色幽灵，它们可以吃掉游戏角色，除非游戏角色吃了可以增加能量的豆子。

（2）创造游戏气氛

在游戏开发文档中讲述一段小故事，能让读者很快进入到将要进入的世界，把他们放到那种气氛中。同时，也可以通过游戏中的一段介绍性的影片片段向玩家介绍游戏。

2. 核心可玩性

（1）绘制游戏主视图

每一个游戏设计文档必须有游戏主视图，以便说明游戏。

（2）明确玩家的主要行为

玩家在游戏中会做些什么，关键的交互是什么：驾驶飞船，驾驶赛车，组织军队，……

（3）绘制控制器图表

用以说明游戏输入是游戏控制器还是键盘。

（4）明确游戏内部用户接口

在主界面的基础上细化其他用户界面。

3. 游戏环境

（1）外层菜单

定制人物、升级赛车、查看财产等内容的外层菜单，并写一个菜单流。

（2）图

显示菜单之间的关系。

（3）游戏实现机制的细节

以数据图表等形式展现，如确定发动机的功率、玩家可以控制多少舰队、人物的速度等。

（4）游戏指南机制

向玩家提供指导性资料以使玩家尽快掌握游戏。

（5）多玩家实现机制

是否支持办公室或者家庭网络环境下的在线游戏；是否有多玩家的组件；收集多玩家的特征集，细化活动流，用图表来说明活动流；若是控制台游戏，还需对多玩家控制器进行说明。

4. 讲故事

（1）游戏背景故事

细化游戏场景，用地图、草图、设计图说明。

（2）人物背景

人物的肖像图，他们在游戏中的行为和姿势；与人物相关部分的游戏机制的描述；说明人物的类型。

（3）级别、任务和地域设计

游戏级别；玩家过关的方式；对于经典的角色扮演游戏，会有大量细节内容的城镇地图，同时需要考虑到颜色、纹理、照明以及天空的外观等细节。

（4）场景片段描述

包括影片片段和相应描述文字。

5. 覆盖游戏所有内容

- 2D 精灵和 3D 模型。
- 任务、级别和地域。
- 声音、音响效果和音乐。
- 关键帧和动画捕捉：使人物动作更逼真。
- 特殊效果，如武器效果、天文特征、爆炸效果等。

6. 其他文档

- 概念文档，包括高级概念（创意）文档和游戏使用文档。
- 流程图。
- 情节串连图板。
- 对话脚本。
- 技术规格。
- 里程碑规划。
- 预算。
- 市场策划。
- 测试计划。

2.1.4　详细设计与编码

详细设计阶段是具体实现设计说明书中的内容，包括美工设计、音乐创作和编程实现。

1. 美工设计

游戏美工是指电子游戏画面中的美术组成部分。通俗地说，凡是游戏中所能看到的一切画面都属于游戏美工设计的工作范畴，包括地形、建筑、植物、人物、动物、动画、特效、界面等的制作。游戏美工设计可以简单地分为 2D 和 3D 两类，2D 即使用位图等二维图形制作游戏；3D 则是通过大型的 3D 游戏引擎制作游戏世界和各种物件的 3D 模型，并用计算机处理后得到真实感较强的 3D 图像。

2. 音乐创作

游戏被称为第九种艺术，是各项艺术的集合体。游戏是一个独立的、完整的世界。在这个世界里，音乐是不可或缺的因素。游戏音乐不仅仅提供一个游戏背景，它还是游戏中一项不可缺少的勾勒故事线的技艺。

3. 编程实现

利用计算机编程语言，如 C 语言、C++、汇编语言等，编制计算机、手机或游戏机上的游戏。

2.1.5　游戏测试与发布

这里简单介绍几种游戏测试与发布的方法。

1. Alpha 测试

Alpha 测试是由用户在开发环境下进行的测试，也可以是公司内部的用户在模拟实际操作环境下进行的测试。Alpha 测试的目的是评价软件产品的功能、可使用性、可靠性、性能和支持。尤其注重软件产品的界面和特色。Alpha 测试可以从软件产品编码结束之时开始，或在模块（子系统）测试完成之后开始，也可以在确认测试过程中产品达到一定的稳定和可靠程度之后再开始。

Alpha 测试的特点：是在开发环境下进行的（不对外发布）；不需要测试用例评价软件使用质量；用户往往没有相关经验；环境是游戏开发者可控的。

2. Beta 测试

Beta 测试是软件产品完成了功能测试和系统测试之后，在产品发布之前所进行的软件测试活动，它是技术测试的最后一个阶段，通过了验收测试，产品就会进入发布阶段。Beta 测试一般根据产品规格说明书严格检查产品，逐行逐字地对照说明书描述的软件产品功能，确保所开发的软件产品符合用户的各项要求。通过综合测试之后，软件已完全组装起来，接口方面的错误也已排除，软件测试的最后一步——Beta 测试即可开始。Beta 测试应检查软件能否按合同要求进行工作，即是否满足软件需求说明书中的确认标准。它是在实际使用环境下，由外部玩家单独进行的测试，为了测试找出 Bug。

Beta 测试的特点：由软件的多个用户在一个或多个用户的实际使用环境下进行的测试；Beta 测试不能由程序员或测试员完成；通过 Beta 测试发现的错误和问题需要在最终发行前找到。

在 Alpha 与 Beta 测试之间，可以增加某些功能，前提是，这部分内容相对独立，与其他任务之间没有太多的依赖关系。

3. Gold

准备发布的正式版。

2.2　游戏设计的组成

游戏设计是一个系统工程，涉及市场、技术、成本等多个方面。涉及 IT 技术，属于创意媒体产业。

游戏设计包括创意、管理、艺术、编码和音频 5 个部分，如图 2-2 所示。

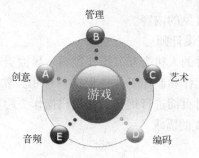

图 2-2　游戏设计的 5 个部分

2.2.1 创意

创意是游戏制作的灵魂。创意人员提出游戏创意，并在其他部门人员的配合下形成创意文档。游戏蓝图和创意文档对游戏类型、游戏风格、游戏级别、游戏结构、界面、菜单、故事情节和人物细节等等进行规范。具体的创意设计分工如下。

1. 首席设计师/首席创意人

首席设计师/首席创意人是游戏的灵魂人物。确定游戏应该是什么样子，应该包括什么内容；协调设计人员的工作。

2. 关卡或任务设计师

设计一系列小的挑战、难题、关卡和需要玩家完成的任务；可以是程序员，也可以是艺术创意人员。

3. 故事或对话作者

编写吸引人的故事情节，描述游戏内部活动，为人物编写听起来自然的话、正确的节奏和语调。

2.2.2 管理

管理部分是游戏设计中最重要的组成部分，是游戏开发团队的核心。它的职责包括决策、安排游戏开发流程；协调、利用各种人力资源，聚合团队整体作战能力；控制开发成本，包括游戏引擎、开发工具、材质与特殊音效、数据等软件、计算机和外围设备等硬件以及员工工资、外包费用等。

2.2.3 艺术

任何一款游戏，只有先吸引玩家的目光，才有可能被玩家接受。把创意文档中的文字描述图画化，画出游戏人物、动作和人物活动的世界（场景）。美术工作量大，美工人员最多。随着新技术的使用降低了艺术工作的门槛，一些场景设置用电影的拍摄手法可以方便地得到。

早期，设计师、程序员和艺术设计师是同一个人。随着游戏的大型化，艺术投入剧增，具体的艺术分工如下。

1. 艺术指导

确保每一部分的艺术作品与其他一致。

2. 概念设计师

具体负责将创意转化为可见的内容。

3. 2D 艺术设计师或界面设计师

界面设计师指从事对软件的人机交互、操作逻辑、界面美观的整体设计工作的人。负责软件界面的美术设计、创意工作和制作工作；根据各种相关软件的用户群，提出构思新颖、有高度吸引力的创意设计；对页面进行优化，使用户操作更趋于人性化；维护现有的应用产品；收集和分析用户对于 GUI 的需求。

4. 3D 建模师

根据设计内容利用三维软件把模型构建出来。

5. 人物塑造师

设计符合游戏情节的人物形象。

6. 纹理设计师

设计材质感很强的纹理。

7. 动作设计师/动画制作师

设计关键帧或捕捉动作。有一定的美术功底，熟练使用 3ds Max，有很好的节奏感，丰富的手调动画能力，能够把握游戏动作，表现流畅、自然的动画效果。

8. 动画剪辑设计师

对电影或动画片段进行剪辑。

2.2.4 编码

设计师编写好了游戏蓝图、创意文档、规格说明书，是通过编程人员将游戏表现出来的。在充分理解策划人员构想的基础上，分析程序实现的可行性，确定游戏设计的整体框架和各个子模块，并由程序员具体编码。具体的编码分工如下。

- 首席程序员：进行程序构架设计。
- 工具程序员：制作专门工具集，如从屏幕截图这样一个功能。
- 游戏结构程序员：将设计内容变为可以运行的代码。
- 3D 图像程序员：实现各种 3D 图形效果。
- 用户界面程序员：让界面更友好。
- 任务或关卡程序员。
- 网络、服务器或客户端程序员。

2.2.5 音频

音乐带给游戏真实感，比如，门"吱"的一声打开的声音。音乐的节奏和意境增加了游戏的质量，会触及玩家的内心。音乐的表达甚至强化了人的情感，如爱、失落、厌恶、害怕或者成功。游戏中音频分类如下。

- 音效：小动物发出的嘟嘟、嘀嘀声，武器碰撞的声音，汽笛声等。
- 背景音乐：好的音乐能够营造范围，表达感情。如战争时的背景音乐应该雄浑，急促；死亡时的背景音乐应该缓慢、低沉、哀婉；男女初次相见时的背景音乐应该欢快、愉悦。
- 画外音：为游戏中人物配音，让游戏更有吸引力。

游戏中常用的音频格式如下：

- MIDI：音乐设备数字格式，二进制数据格式，存储空间小，音质并不高。
- WAV：微软（Microsoft）公司开发的一种声音文件格式，音质很好。
- MP3：当今较流行的一种数字音频编码和有损压缩格式，它设计用来大幅度地降低音频数据量，而对于大多数用户来说重放的音质与最初的不压缩音频相比没有明显的下降。
- WMA（Windows Media Audio）：是微软公司推出的与 MP3 格式齐名的一种新的音频格式，WMA 在压缩比和音质方面都超过了 MP3。

- RealAudio：一种新型流式音频 Streaming Audio 文件格式，主要用于在低速的广域网上实时传输音频信息。

2.3 游戏开发工具

在制作游戏的过程中，都会用一些游戏开发工具，本节将从开发语言、开发平台、图形库三方面来说明。

1. 游戏开发语言

目前，常见的游戏开发语言主要有 C/C++、Java、Visual Basic（VB）、ActionScript 以及一些其他的脚本语言。它们的主要特点分析如下。

（1）C 语言

C 语言是 Dennis Ritchie 在 20 世纪 70 年代创建的，它功能强大，是第一个使得系统级代码移植成为可能的编程语言。C 语言是一个程序语言，设计目标是提供一种能以简易的方式编译、处理低级存储器、产生少量的机器码以及不需要任何运行环境支持便能运行的编程语言。C 语言也很适合搭配汇编语言来使用。尽管 C 语言提供了许多低级处理的功能，但仍然保持着良好的跨平台特性，以一个标准规格写出的 C 语言程序可在多种计算机平台上进行编译，甚至包含一些嵌入式处理器以及超级计算机等作业平台。

优点：有益于编写小而快的程序；很容易与汇编语言结合；具有很高的标准化。

缺点：不容易支持面向对象技术；语法有时会非常难以理解，并造成滥用。

移植性：C 语言的核心以及 ANSI 函数调用都具有移植性，但仅限于流程控制、内存管理和简单的文件处理。其他的内容都跟平台有关。比如说，为 Windows 和 Mac 开发可移植的程序，用户界面部分就需要用到与系统相关的函数调用。这意味着你必须写两次用户界面代码，不过有一些库可以减轻工作量。

（2）C++

C++ 是在 C 语言的基础上开发的一种集面向对象编程、泛型编程和过程化编程于一体的编程语言。应用较为广泛，是一种静态数据类型检查的，支持多重编程的通用程序设计语言。它支持过程化程序设计、数据抽象、面向对象设计、制作图标等多种程序设计风格。

优点：支持多种程序设计风格；支持面向对象机制，使得开发人机交互类型的应用程序更为简单、快捷。

缺点：语言本身过度复杂，甚至使人们难于理解其语义；C++ 的编译系统受到 C++ 复杂性的影响，非常难于编写，即使能够使用的编译器也存在了大量的问题，这些问题大多难于被发现。

移植性：比 C 语言移植性高，但依然不是很乐观。因为它具有与 C 语言相同的缺点，大多数可移植性用户界面库都使用 C++ 对象实现。

（3）Java

Java 是一种可以撰写跨平台应用软件的面向对象的程序设计语言，是由 Sun Microsystems 公司于 1995 年 5 月推出的 Java 程序设计语言和 Java 平台（即 JavaEE、JavaME、JavaSE）的总称。Java 自面世后就非常流行，发展迅速，对 C++ 语言形成了有力冲击。Java 技术具有卓越的通用性、高效性、平台移植性和安全性，广泛应用于个人 PC、数据中心、游戏控制台、科学超级计算机、移动电话和互联网。在全球云计算和移动互联网的产业环境下，Java 更具备了显著优势和广阔前景。

优点：适合团队开发，软件工程可以相对做到规范。由于 Java 语言本身极其严格的语法特点，Java 语言无法写出结构混乱的程序，这将强迫程序员的代码软件结构具有规范性。

缺点：运行速度慢，众所周知，Java 程序的运行依赖于 Java 虚拟机，不是直接执行机器码，所以相对于其他语言（如汇编、C、C++）编写的程序慢。另外，由于 Java 考虑到了跨平台性，所以他不能像其他语言（如汇编和 C 语言）那样更接近操作系统，也就不能和操作系统的底层打交道了。虽然可以通过 Java 的 JNI（即 Java 本地接口。顾名思义，也就是利用 Java 语言调用在当前系统上其他的程序语言，如汇编或 C 语言等，所编写的程序）技术解决这一问题，但这只是解决了一部分问题。

移植性：具有很强的移植性。

（4）VB：速度慢，效率低，适于小型简单游戏

Visual Basic（VB）是一种由 Microsoft 公司开发的结构化的、模块化的、面向对象的、包含协助开发环境的事件驱动为机制的可视化程序设计语言。程序员可以轻松地使用 VB 提供的组件快速建立一个应用程序。

（5）ActionScript

ActionScript 是 Macromedia（现已被 Adobe 收购）为其 Flash 产品开发的，最初是一种简单的脚本语言，通过不断发展，现在是一种完全的面向对象的编程语言，功能强大，类库丰富，语法类似于 JavaScript，多用于 Flash 互动性、娱乐性、实用性开发，网页制作和 RIA 应用程序开发。游戏设计者可以利用 ActionScript 编程语言为 Flash 影片加入与用户的交互功能，让 Flash 影片不再只有单向的播放功能，而能进一步向游戏、交互式应用等方向迈进。由于用 Flash 制作出来的游戏画面精美、容量小，所以 Flash 在小游戏的设计与开发领域迅速走红，各式各样的游戏都纷纷以 Flash 的方式编写出来。

2. 软件开发平台

（1）Visual Studio

Visual Studio 是微软公司推出的开发环境，它可以用来创建 Windows 平台下的 Windows 应用程序和网络应用程序，也可以用来创建网络服务、智能设备应用程序和 Office 插件。Visual Studio 是目前最流行的 Windows 平台应用程序开发环境。在此开发环境下，可以开发出 C、C++、C#、VB 等一系列语言的软件和网站。早期，在开发大中型游戏时多使用 Visual C++，因为它所提供的组件使用起来很方便。同时，会搭配微软视窗程式设计（Windows API）程序构架来编写游戏程序，目的是满足游戏中大量声音、图像数据的运算处理，保证游戏运行时的流畅性，提升运行性能。Visual C++ 是 Visual Studio 中的一种开发工具，主要用于 C++ 的开发，具有集成开发环境，可提供编辑 C 语言、C++ 以及 C++/CLI 等编程语言。Visual C++ 整合了便利的排错工具，特别是整合了 Windows API、三维动画 DirectX API、Microsoft. NET 框架。在一般的游戏设计与开发中，Visual C++ 是非常好的开发工具。

（2）Eclipse

Eclipse 是著名的跨平台的自由集成开发环境（Integrated Development Environment，IDE），最初主要用于 Java 语言开发，但是也有人通过外挂程式使其作为其他计算机语言，比如 C++ 和 Python 的开发工具。Eclipse 本身只是一个框架平台，但是众多外挂程式的支持

使得 Eclipse 拥有其他功能相对固定的 IDE 软体很难具有的灵活性。许多软体开发商以 E-clipse 为框架开发自己的 IDE。Eclipse 最初由 IBM 公司开发，2001 年 11 月贡献给开源社区，现在它由非营利软体供应商联盟 Eclipse 基金会（Eclipse Foundation）管理。

3. 图形处理 API

应用程序编程接口（Application Programming Interface，API）是一些预先定义的函数，目的是提供应用程序与开发人员基于某软件或硬件得以访问一组例程的能力，而又无须访问源码，或理解内部工作机制的细节。游戏、网页以及 CAD 软件，都是与计算机图形、图片和图像打交道。图形 API 是为了使程序员不必一次次从底层重复编写代码，同时在编写程序时不必关心图形硬件的细节而提供的应用程序接口，它是一套精心设计的与图形系统进行交互接口函数。

（1）OpenGL

OpenGL（Open Graphics Library）是定义了一个跨编程语言、跨平台的编程接口规格的专业的图形程序接口。它用于三维图像（二维的也可），是功能强大，调用方便的底层图形库。OpenGL 是与硬件无关的软件接口，可以在不同的平台之间进行移植。因此，支持 OpenGL 的软件具有很好的移植性，可以获得非常广泛的应用。由于 OpenGL 是图形的底层图形库，没有提供几何实体图元，不能直接用以描述场景。但是，通过一些转换程序，可以很方便地将 AutoCAD、3ds/3ds Max 等 3D 图形设计软件制作的 DXF 和 3ds 模型文件转换成 OpenGL 的顶点数组。OpenGL 是行业领域中广泛应用的 2D/3D 图形 API，其自诞生至今已催生了各种计算机平台及设备上的数千种优秀应用程序。OpenGL 是独立于视窗操作系统或其他操作系统的，也是网络透明的。在包含游戏开发、娱乐、CAD、内容创作、能源、制造业、制药业及虚拟现实等行业领域中，OpenGL 帮助程序员实现在 PC、工作站、超级计算机等硬件设备上的高性能、极具冲击力的高视觉表现力图形处理软件的开发。

（2）DirectX

DirectX（Direct Extension，简称 DX）是由微软公司创建的多媒体编程接口。它们旨在使基于 Windows 的计算机成为运行和显示具有丰富多媒体元素（例如全色图形、视频、3D 动画和丰富音频）的应用程序的理想平台。DirectX 包括安全和性能更新程序，以及许多新功能。应用程序可以通过使用 DirectX API 来访问这些新功能。DirectX 加强 3D 图形和声音效果，并为设计人员提供一个共同的硬件驱动标准，让游戏开发者不必为每一品牌的硬件来写不同的驱动程序，也降低了用户安装以及设置硬件的复杂度。

2.4　游戏引擎

游戏引擎是指一些已编写好的可编辑计算机游戏系统或者一些交互式实时图像应用程序的核心组件。这些系统为游戏设计者提供各种编写游戏所需的各种工具，其目的在于让游戏设计者能容易和快速地做出游戏程序而不用从零开始。大部分游戏引擎都支持多种操作平台，如 Linux、Mac OS X、微软的 Windows。游戏引擎包含以下系统：渲染引擎（即"渲染器"，含二维图像引擎和三维图像引擎）、物理引擎、碰撞检测系统、音效、脚本引擎、电脑动画、人工智能、网络引擎以及场景管理。

我们可以把游戏的引擎比作赛车的引擎，大家知道，引擎是赛车的心脏，决定着赛车的性能和稳定性，赛车的速度、操纵感这些直接与车手相关的指标都是建立在引擎的基础上的。游戏也是如此，玩家所体验到的剧情、关卡、美工、音乐、操作等内容都是由游戏的引擎直接控制的，它扮演着中场发动机的角色，把游戏中的所有元素捆绑在一起，在后台指挥它们同时、有序地工作。简单地说，引擎就是"用于控制所有游戏功能的主程序，从计算碰撞、物理系统和物体的相对位置，到接收玩家的输入，以及按照正确的音量输出声音等。"

1. 游戏引擎的功能

无论是2D游戏还是3D游戏，无论是角色扮演游戏、即时策略游戏、冒险解谜游戏或是动作射击游戏，哪怕是一个只有1MB的小游戏，都有这样一段起控制作用的代码。经过不断的进化，如今的游戏引擎已经发展为一套由多个子系统共同构成的复杂系统，从建模、动画到光影、粒子特效，从物理系统、碰撞检测到文件管理、网络特性，还有专业的编辑工具和插件，几乎涵盖了开发过程中的所有重要环节，以下就对引擎的一些关键部件作一个简单的介绍。

首先是光影效果，即场景中的光源对处于其中的人和物的影响方式。游戏的光影效果完全是由引擎控制的，折射、反射等基本的光学原理以及动态光源、彩色光源等高级效果都是通过引擎的不同编程技术实现的。

其次是动画，游戏所采用的动画系统可以分为两种：一种是骨骼动画系统，另一种是模型动画系统，前者用内置的骨骼带动物体产生运动，比较常见，后者则是在模型的基础上直接进行变形。引擎把这两种动画系统预先植入游戏，方便动画师为角色设计丰富的动作造型。

引擎的另一重要功能是提供物理系统，这可以使物体的运动遵循固定的规律，例如，当角色跳起的时候，系统内定的重力值将决定角色能跳多高，以及角色下落的速度有多快，子弹的飞行轨迹、车辆的颠簸方式也都是由物理系统决定的。

碰撞探测是物理系统的核心部分，它可以探测游戏中各物体的物理边缘。当两个3D物体碰撞在一起的时候，这种技术可以防止它们相互穿过，这就确保了当角色撞在墙上的时候，不会穿墙而过，也不会把墙撞倒，因为碰撞探测会根据角色和墙之间的特性确定两者的位置和相互的作用关系。

渲染是引擎重要的功能之一，制作完毕3D模型后，美工会按照不同的面把材质贴图赋予模型，这相当于为骨骼蒙上皮肤，最后再通过渲染引擎把模型、动画、光影、特效等所有效果实时计算出来并展示在屏幕上。渲染引擎在引擎的所有部件当中是最复杂的，它的强大与否直接决定着最终的输出质量。

引擎还有一个重要的职责就是负责玩家与计算机之间的沟通，处理来自键盘、鼠标、摇杆和其他外设的信号。如果游戏支持联网特性的话，网络代码也会被集成在引擎中，用于管理客户端与服务器之间的通信。

通过上面的介绍我们可以了解到：引擎相当于游戏的框架，框架设计好后，关卡设计师、建模师、动画师只要往里填充内容就可以了。因此，在3D游戏的开发过程中，引擎的制作往往会占用非常多的时间，马克思·佩恩的MAX－FX引擎从最初的雏形Final Reality到最终的成品共花了四年多时间，LithTech引擎的开发共花了整整五年时间，耗资700万美元，Monolith公司（LithTech引擎的开发者）的老板詹森·霍尔甚至不无懊悔地说："如果当初意识到制作自己的引擎要付出这么大的代价的话，我们根本就不可能去做这种傻事，没有人会预料得到五年后的市场究竟是怎样的。"

正是出于节约成本、缩短周期和降低风险这三方面的考虑，越来越多的开发者倾向于使用第三方的现成引擎制作自己的游戏，一个庞大的引擎授权市场已经形成。其中最大的受益者是各大网络游戏公司，通过第三方引擎开发的网络游戏获益巨大。但随着市场急剧变化，用第三方引擎开发网络游戏的成本也越来越高。于是游戏引擎开发商们开始绞尽脑汁设计一种可以大量节约开发成本和周期的引擎。直到 2010 年 Zerodin 引擎开发的巨作"Dragona"的出品引起了各大游戏业巨头的关注，因为此时方才发现了巨作也可以用这么少的成本，这么短的时间开发而成。

2. 游戏引擎分类

（1）低级别游戏引擎

自己搭建，利用公开的 API（如 OpenGL、DirectX、XNA），再加上一些商业或开源库（如 Open Scene Graph 的场景图形库）。

（2）中等级别游戏引擎

已经具备渲染、输入、GUI、物理系统等组件，只需适量的编程工作，如 Genesis3D。

（3）成品级游戏引擎

涵盖了一整套完整的工具链，只需简单点击和拖拽就可以制作游戏，如 Game Maker、Torque Game Builder 以及 Unity3D，几乎不用编程。

2.5　小结

本章主要介绍了游戏的设计流程、游戏设计的组成、游戏的开发工具、游戏引擎。希望读者通过本章的学习，能够对游戏的设计开发有一定的了解。

2.6　思考题

1. 游戏的设计流程分为哪几个部分？
2. 简述 Alpha 测试与 Beta 测试的区别。
3. 游戏设计包括哪 5 部分？
4. 简述什么是游戏引擎。

第3章 Windows 编程简介

Windows 操作系统是 Microsoft（微软）公司开发的图形窗口环境系列软件，从 1983 年至今已推出了 Windows 3.0、Windows 3.1、Windows NT、Windows 95、Windows 98、Windows 2000、Windows XP、Windows 7、Windows 8 等，在全球范围取得了极大的成功。现在 Windows 是应用软件的首选运行环境，几乎已成为事实上的行业标准。Windows 的出现，一改往日 DOS 环境呆板黑暗的面孔，代之以丰富多彩的图形用户界面（Graphics User Interface，GUI），把软件界带入一个全新的天地。

3.1 Windows 编程基础

Windows 操作系统是一个图形化的用户界面，为应用程序提供了一个有一致的窗口和菜单结构的多任务环境。所谓 Windows 程序设计，是指编写在 Windows 操作系统环境下运行的应用程序。

3.1.1 Windows 的开发平台

Windows 应用软件开发平台通常是一个集成开发平台，具有以下功能。
- 高级语言的编辑器和编译器。
- 程序调试工具。
- 系统函数库。
- 资源管理器，包括图形化窗口及其组成元素的多种对象的编辑器。
- 提供帮助文件、例程等。

Windows 开发平台发展至今，已有很多版本：Microsoft Visual Studio 6.0、Microsoft Visual Studio 2005、Microsoft Visual Studio 2008、Microsoft Visual Studio 2010、Microsoft Visual Studio 2012 等。

在 Windows 版本系列中，有些特点是始终坚持并不断发展的，具体如下。
- 图形化的窗口界面。
- 多任务方式的运行环境。
- 虚拟化的设备接口，如图形设备接口（GDI），是与设备无关的图形化显示模式，使多样化的图形硬件和软件设备都能够运行于 Windows 上。
- 以虚拟内存为核心的内存管理。
- 网络功能及应用程序。
- 多媒体功能及应用程序，包括图形、图像、声音、动画等。
- 功能丰富的用户管理工具和实用软件。

3.1.2 窗口

Microsoft Windows 应用程序中的窗口是屏幕上的一个矩形区域，是应用程序用来显示输出或接收用户输入的。由于窗口是用户和应用程序交互的基本元素，所以应用程序首要的任务就是创建一个窗口。图 3-1 所示就是一个典型的 Windows 窗口。

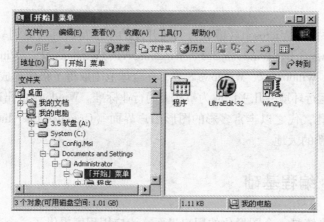

图 3-1　一个典型的 Windows 窗口

利用 Windows 编程，需要掌握窗口、事件、消息响应、句柄等概念。窗口是应用程序与用户交互的接口环境，也是 Windows 界面显示、系统管理应用程序的基本单位，一个基本的 Windows 应用程序窗口如图 3-2 所示。应用程序的运行过程即是窗口内部、窗口之间以及窗口与系统之间进行数据处理和数据交换的过程。

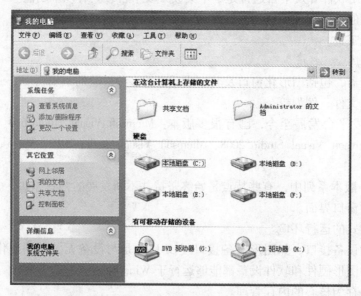

图 3-2　一个基本的 Windows 应用程序窗口

1. 桌面窗口

桌面窗口是系统定义的窗口，在 Windows 启动后，自动创建桌面窗口。这个窗口绘制了屏幕的背景，作为 Windows 应用程序显示窗口的基础（可以认为是所有应用程序窗口的父窗口）。

2. 应用程序窗口

每一个标准的 Windows 应用程序至少要创建一个窗口，称为主窗口。这个窗口是用户与应用程序间的主要接口。绝大部分应用程序还会直接或间接地创建许多其他的窗口，来完成与主窗口相关的任务，每一窗口都是用来显示输出或是从用户得到输入。

应用程序窗口的组成如图 3-3 所示，一般包括标题栏、菜单栏、System 菜单、最小化、最大化/还原、关闭按钮、改变大小的边框（Border）、工作区、水平滚动条和竖直滚动条。更为复杂的窗口还包括工具条、状态栏等。

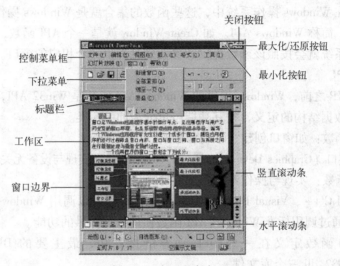

图 3-3　应用程序窗口

3. 其他类型的窗口

控制框、对话框和消息框也属于窗口。控制框是用来获得用户特定信息的窗口，通常与其他窗口连用，最典型的是与对话框合用。对话框是含有一个或多个控制框的窗口，应用程序可以通过对话框提示用户提供完成某一个命令所需的输入，例如打开文件对话框，如图 3-4 所示。消息框是用于给用户一些提示或警告的窗口，例如，消息框能够在应用程序执行某项任务过程中出现问题时通知用户。

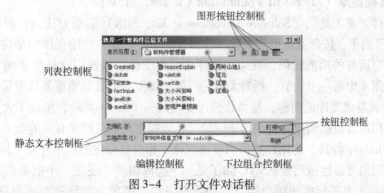

图 3-4　打开文件对话框

3.1.3　Windows 程序设计

用 Microsoft Visual Studio C++ 开发面向对象应用程序的方法有两种：一是使用 Windows

提供的 Windows API 函数；二是直接使用 Microsoft 提供的 MFC 类库。

1. 应用程序编程接口（API）

应用程序编程接口（Application Programming Interface，API）是 Windows 系统和 Windows 应用程序间的标准程序接口。API 为应用程序提供系统的各种特殊函数及数据结构定义，Windows 应用程序可以利用上千个标准 API 函数调用系统功能。

操作系统所能够完成的每一个特殊功能通常都有一个函数与其对应，也就是说，操作系统把它所能够完成的功能以函数的形式提供给应用程序使用，应用程序对这些函数的调用就叫作系统调用。在 Windows 操作系统中，这些函数的集合就是 Windows 操作系统提供给应用程序编程的接口，简称 Windows API。如 CreateWindow 就是一个 API 函数，应用程序中调用这个函数，操作系统就会按照该函数提供的参数信息产生一个相应的窗口。

2. Win32 API

在 Windows XP 之前，Windows 提供的 Windows API 函数是 Win32 API，它提供了上千个标准函数、宏和数据结构的定义，按其功能可以分为如下 3 类。

- 窗口管理函数：如窗口创建、移动和修改。
- 图形设备接口（Graphics Device Interface，GDI）函数：实现与设备无关的图形操作功能。
- 系统服务函数：实现与操作系统相关的功能。

在使用 Visual C++、Visual Basic 和 Delphi 编程时都可以调用 Windows API 函数，Windows 应用程序可通过调用标准 Windows API 函数使用系统提供的功能。

Windows API 函数定义在一些 DLL 动态链接库中，最主要的 DLL 是 user32. dll、gdi32. dll 和 kernel32. dll 三个库文件。

- user32. dll：是 Windows 用户界面相关应用程序接口，用于包括 Windows 处理、基本用户界面等特性，如创建窗口和发送消息。
- gdi32. dll：是 Windows GDI 图形用户界面相关程序，包含的函数用来绘制图像和显示文字。
- kernel32. dll：属于内核级文件。它控制着系统的内存管理、数据的输入/输出操作和中断处理。

3. 微软基础类库（Microsoft Foundation Classes，MFC）

传统的软件开发工具包（Software Development Kit，SDK）编程方法是，程序员通过调用 API 函数，自己动手、按部就班地实现程序各部分的功能。SDK 应用程序的结构比较清晰，但程序员必须编写所有的功能代码。在应用程序中，对于像生成窗口这样简单而大量重复的工作，程序员必须考虑每一个细节，耗费大量的时间，可能需要反复地重复其中某些代码。

MFC 是微软基础类库的简称，是微软公司实现的一个 C++ 类库，集成了大量已经预先定义好的类，用户可以根据编程需要调用响应的类，或根据需要自定义有关的类。它还封装了大部分 API 和 Windows 控件，为用户提供高度可视化、相对自动化的程序开发工具，使得程序开发更简单，代码的可靠性也增强。MFC 除了是一个类库以外，还是一个框架，它定义了应用程序的结构，并实现了标准的用户接口，如管理窗口、菜单、对话框，实现基本的输入/输出和数据存储。当在 Visual C++ 中新建一个 MFC 工程时，开发环境会自动生成许多文件，同时它使用了 mfcxx. dll（xx 是版本号，它封装了 MFC 内核），所以在代码中看不到原本的 SDK 编程中的消息循环等内容，因为 MFC 框架将这些封装好了，这样程序员就可以专心考虑程序的逻辑，而不是那些每次编程都要重复的东西。但由于是通用框架，没有很好的针对性，当然也就丧失了一些灵活性和效率，但是 MFC 的封装很浅，所以效率上损失不大。

3.1.4　事件与消息

Windows 是一个多进程的图形窗口操作系统。DOS 应用程序采用顺序执行过程，而 Windows 是一个基于事件的消息（Message）驱动系统。Windows 应用程序是按照"事件→消息→处理"这样一个非顺序的机制运行的。

Windows 系统有一个存放消息的队列，每个应用程序也有一个消息队列。Windows 系统先将收到的消息存放在系统队列中，然后再分发到相应的应用程序队列中。应用程序则从自身的队列中获取消息并进行处理，如图 3-5 所示。

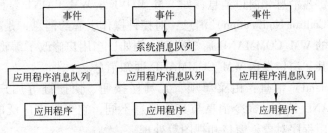

图 3-5　消息的传递图

假设有这样一个应用程序，该程序的功能是计算一个学期中进行了三次测验后一个班的平均成绩。在传统的 MS-DOS 程序中，主要采用顺序的、关联的、过程驱动的程序设计方法。如 3-6 图所示为采用过程驱动的方法来计算平均成绩。首先输入学生姓名，然后分别输入学生的第一次、第二次和第三次成绩，最后计算平均成绩。而事件驱动程序设计是围绕消息的产生与处理而展开的，如 3-7 图所示为用事件驱动的方法来计算平均成绩。用户可以在不同的窗口中切换，并不需要按顺序按步骤进行数据的输入。

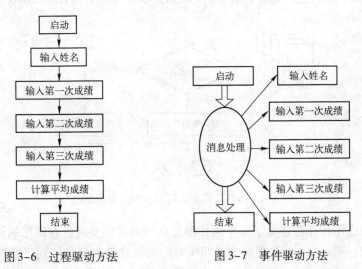

图 3-6　过程驱动方法　　　　　　图 3-7　事件驱动方法

1. 事件与消息
- 事件：是对于 Windows 的某种操作，如通过鼠标、键盘操作，或改变窗口大小、拖拽窗口等。每个事件对应一个消息，即每个事件发生的效果是产生消息。

- 消息：Windows 系统以消息的形式把输入传给窗口的过程中，消息是由 Windows 系统或应用程序产生的。Windows 系统对每一个输入事件都要产生消息，例如，用户按键盘、移动鼠标或单击一个滚动条控制框。Windows 系统为了响应应用程序给系统带来的变化也会产生消息，比如应用程序改变了系统字体资源池或是改变了一个窗口的大小。应用程序可通过产生消息指导它自己的窗口来完成某个任务，或是与其他应用程序的窗口进行通信。
- 消息响应：所谓消息的响应，其实质就是事件的响应，即系统对某个事件的处理。

2. Windows 中的几种消息

- 标准 Windows 消息：以 WM_ 前缀（但不包括 WM_COMMAND）开始的消息，包括鼠标消息、键盘消息和窗口消息，如 WM_MOVE 、WM_PAINT 等。
- 控件通知（Control Notification）消息：对控件操作引起的消息，是控件和子窗口向其父窗口发出的 WM_COMMAND 通知消息。例如，当用户修改了编辑控件中的文本后，编辑控件向其父窗口发送 WM_COMMAND 通知消息。
- 命令（Command）消息：由菜单项、工具栏按钮、快捷键等用户界面对象发出的 WM_COMMAND 消息。命令消息与其他消息不同，它可被更广泛的对象如文档、文档模板、应用程序对象、窗口和视图等处理。

3. 消息驱动与消息队列

消息驱动是 Windows 应用程序的核心，所有的外部事件（如键盘、鼠标和计时器等）都被 Windows 先拦截，转换成消息后再发送到应用程序中的目标对象，应用程序根据消息的具体内容进行处理。

消息不仅可由 Windows 发出，它也可由应用程序本身或其他程序产生。Windows 为每一个应用程序都维护一个或多个消息队列，发送到每个程序窗口的消息都排成一个队列，应用程序从消息队列中取走消息，进行响应。消息队列在应用程序中的轮询处理如图 3-8 所示。

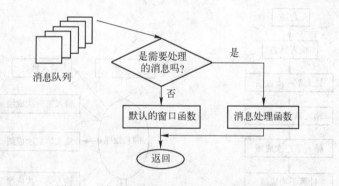

图 3-8　消息队列在应用程序中的轮询处理

系统为每个应用程序都建立了一个叫作消息队列的存储空间，在程序的运行过程中如果发生了一个时间，Windows 就会把这个时间所对应的消息送入消息队列等待使用。应用程序从消息队列中获取消息，然后把这个消息发送给系统。系统根据消息找到应该接收消息的程序窗口，并根据窗口提供信息，以消息为参数来调用一个用户编写的叫作"窗口函数"的函数。在窗口函数中，以消息中的消息标识为依据查找并执行该消息所对应的程序段，对消息进行处理。处理完毕后，只要消息不是终止应用程序消息，则会立即返回消息循环，以等待获取下一个消息。Windows 应用程序就是这样周而复始进行循环，直至用户发出结束应用程序的消息。正是由于 Windows 应用程序必须接收了消息才会启动某种操作，因此人们常说：Windows 应用程序的运行是消息驱动的（或者说是事件驱动的）。

3.1.5 句柄

在 Windows 中，用句柄（Handle）标识应用程序中不同的对象和同类对象中不同的实例，如一个具体的窗口、按钮、输出设备、画笔和文件等。句柄是一个 32 位数值，它是 Windows 系统内部表的索引值，而非对象所在的内存地址。通过句柄可以获得相应的对象信息。句柄常作为 Windows 消息和 API 函数的参数，在采用 API 方法编写 Windows 应用程序时要经常使用句柄，常用的句柄如表 3-1 所示。

表 3-1 常用句柄

类 型	含 义	类 型	含 义
HANDLE	通用对象句柄	HCURSOR	光标句柄
HWND	窗口对象句柄	HBRUSH	刷子句柄
HDC	设备描述句柄	HPEN	画笔句柄
HMENU	菜单句柄	HFONT	字体对象句柄
HICON	图标句柄	HINSTANCE	实例句柄

3.1.6 Windows 程序的数据类型

Windows 程序有一些窗体程序所特有的数据类型，其数据类型包括简单类型和结构体类型，常用数据类型说明如表 3-2 所示。

表 3-2 常用数据类型

数 据 类 型	说 明	数 据 类 型	说 明
BYTE	8 位无符号字符	DWORD	32 位无符号整数
BSTR	32 位字符指针	UINT	32 位无符号整数
COLORREF	32 位整数，表示一个颜色	BOOL	布尔值，值为 TRUE 或 FALSE
WORD	16 位无符号整数	wchar_t	Unicode 码的字符数据类型
LONG	32 位有符号整数		

3.2 利用 Visual Studio C++ 建立 MFC 应用程序

完成一个最简单的 Windows 应用程序，输出一个消息窗口。

1. 基于 API 的程序设计过程

1）创建工程，选择"文件 | 新建 | 项目"命令，在"项目"页面选择"Win32 项目"工程类型，输入工程名 Ex_1 并选择工程路径，单击"确定"按钮至下一步。

2）集成开发环境为工程生成 stdafx.h、stdafx.cpp 和 Ex_1.cpp 文件，并产生了_tWinMain 函数的框架。在_tWinMain 函数体内，加入 MessageBox 语句：

```
MessageBox( NULL, _T( "My first Windows Applicaion!" ), _T( "Ex_1" ) , MB_OK );
```

3）选择"调试 l 启动调试"命令，执行程序，结果如图 3-9 所示。

说明：

1）stdafx. h 是一个预编译头文件，Windows 包含程序的头文件很多，在程序开发过程中需要不断地编译，如果每次全部重新编译非常浪费时间。

2）stdafx 的目的就是将前面编译的结果存储起来，下一次编译时从磁盘取出来，对未修改部分不再重新编译，这样可大大节省编译时间。

图 3-9   Ex_1 应用程序运行窗口

3）stdafx. cpp 中主要包含#include < windows. h > 一条指令。windows. h 是 Windows 程序最基本的头文件，它们定义了 Windows 的所有数据类型、数据结构、符号常量和 API 函数原型声明。

4）_tWinMain 函数是 windows 程序的入口函数，包含 4 个参数，原形如下。

```
    int APIENTRY _tWinMain (HINSTANCE hInstance,
                            HINSTANCE hPrevInstance,
                            LPTSTR      lpCmdLine,
    int                     nCmdShow);
```

- hInstance：是唯一标识本程序的实例句柄，系统和其他应用程序通过该句柄与本程序通信。
- hPrevInstance：是本程序的前一个实例句柄，由于 32 位 Windows 采用进程 – 线程模式，每一线程拥有自己的句柄因此该参数始终为空。
- lpCmdLine：是一个字符串指针，指向命令行参数字符串，没有命令行参数时为空。
- nCmdShow：指明程序最初运行时窗口打开方式，如正常方式、最大化或最小化运行。
- _tWinMain：返回一个整数值，作为退出代码。APIENTRY 表示函数调用约定，函数调用时参数按从左至右的顺序压入栈，被调用者将参数弹出栈。

5）MessageBox 是一个 API 函数，显示一个消息框，其原型如下。

```
    int WINAPI MessageBox (HWND hWnd,
                           LPCSTR lpszText,
                           LPCSTR lpszCaption,
                           UINT uType );
```

- hWnd：指明此消息框的父窗口句柄，为 NULL 则说明没有父窗口。
- lpszText：字符型指针，指向消息框中要显示的字符串。
- lpszCaption：字符型指针，指向消息框标题栏显示的字符串。
- uType：一个无符号整数，表明消息框中显示的按钮和风格。

6）MessageBox 返回所按下按钮的 ID 值，即 Windows 用一个无符号整数唯一表示某个资源（对话框、按钮、菜单等），并定义一个唯一的符号常量与之对应，称为资源的 ID 值。

Windows 内部定义的部分资源标识如表 3-3 所示。

表 3-3　Windows 内部定义的部分资源标识

资 源 标 识	说　明
#define IDOK 1	OK 按钮 ID 值
#define IDCANCEL 2	CANCEL 按钮 ID 值
#define IDABORT 3	ABORT 按钮 ID 值
#define IDRETRY 4	RETRY 按钮 ID 值
#define IDIGNORE 5	IGNORE 按钮 ID 值
#define IDYES 6	YES 按钮 ID 值
#define IDNO 7	NO 按钮 ID 值

2. 基于 MFC 的程序设计过程

1）创建工程，选择"文件|新建|项目"命令，在"项目"页面选择"MFC 应用程序"工程类型，输入工程名 Ex_2 并选择工程路径，单击"确定"按钮至下一步，在应用程序类型中选择"基于对话框"。

2）选择对话框，选中静态文本 TODO，右击，在弹出的快捷菜单中选择"属性"命令，修改 Caption 为 My first Windows Applicaion!。

3）选择"调试|启动调试"命令，执行程序，结果如图 3-10 所示。

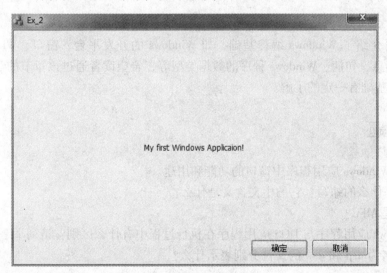

图 3-10　Ex_2 应用程序运行窗口

Visual Studio C++ 生成的工程文件常见扩展名如表 3-4 所示。

表 3-4　Visual Studio C++ 常见扩展名

扩 展 名	说　明
cpp	源程序代码 C++ 文件
h	包含函数声明和变量定义的头文件
rc	定义资源的资源脚本文件
dsp	工程文件，记录当前工程的有关信息

扩 展 名	说 明
dsw	工作区文件，一个工作区可能包含一个或多个工程
bsc	用于浏览项目信息
map	执行文件的映像信息记录文件
clw	ClassWizard 信息文件，实际上是 INI 文件的格式
pch	Pre – Compiled File，预编译文件，可以加快编译速度，但是文件非常大
pdb	Program Database，记录程序有关的一些数据和调试信息
opt	工程关于开发环境的参数文件，如工具条位置等信息
exp	只有在编译 DLL 的时候才会生成，记录了 DLL 文件中的一些信息
aps	App Studio File，资源辅助文件，二进制格式
plg	编译信息文件，编译时的 error 和 warning 信息文件
hpj	Help Project，生成帮助文件的工程
ncb	no compile browser，无编译浏览文件
mdp	Microsoft Dev Studio Project，旧版本的项目文件

3.3　小结

本章主要介绍了 Windows 编程基础，如 Windows 的开发平台、窗口、Windows 程序设计、事件与消息、句柄、Windows 程序的数据类型等，希望读者通过该章节的学习，能够对 Windows 编程基础有一定的了解。

3.4　思考题

1. 简述 Windows 应用程序中窗口的功能和用途。
2. API 是什么的缩写？它的中文含义是什么？
3. 什么是 MFC？
4. Windows 应用程序与 DOS 应用程序在执行过程中有什么区别？请列举一个例子。
5. 扩展名为 dsp 和 dsw 的文件分别表示什么？

第 4 章　MFC 编程基础

Windows 应用程序的另一种编程方法是利用 MFC 和向导（Wizard）来编写 Windows 应用程序。即首先使用 MFC 向导自动生成 Windows 应用程序的基本框架，然后用类向导建立应用程序的类、消息处理、数据处理函数或定义控件的属性、事件和方法，最后把各应用程序所要求的功能添加到类中。

MFC 是一个庞大的类库，它提供了 Windows API 的绝大多数功能，并且为用户开发 Windows 应用程序建立了一个非常灵活的应用程序框架。MFC 应用程序框架就像一座楼房的结构，而 MFC 类库中的类就像建筑楼房的各种各样的材料，因此，掌握两者的特性及其应用，对基于 MFC 的 Windows 应用程序的开发至关重要。

4.1　开发环境

软件开发环境（Software Development Environment，SDE）是指在基本硬件和数字软件的基础上，为支持系统软件和应用软件的工程化开发和维护而使用的一组软件。它由软件工具和环境集成机制构成，前者用以支持软件开发的相关过程、活动和任务，后者为工具集成和软件的开发、维护及管理提供统一的支持。本书所使用的软件开发环境是 Microsoft Visual C ++（简称为 Visual C ++），因此在使用 Visual C ++ 进行游戏设计与开发之前需要对此开发环境进行深入的了解。

4.1.1　了解开发平台

对开发平台简单的解释就是：以某种编程语言或者某几种编程语言为基础，开发出来的一个软件，而这软件不是一个最终的软件产品，它是一个二次开发软件框架，用户可以在这个产品上进行各种各样的软件产品的开发，并且在这个产品上进行开发的时候，不需要像以往的编程方式那样编写大量的代码，而是只需要进行一些简单的配置，或者是写极少量的代码便可以完成一个业务系统的开发工作。

Visual C ++ 就是一种常用的开发平台，它是 Microsoft 公司推出的开发 Win32 环境程序、面向对象的可视化集成编程系统。Visual C ++ 不但具有程序框架自动生成、灵活方便的类管理、代码编写和界面设计集成交互操作、可开发多种程序等优点，而且通过简单的设置就可使其生成的程序框架支持数据库接口、OLE2、WinSock 网络、3D 控制界面。另外，Visual C ++ 具有强大的调试功能，为大型复杂软件的开发提供有效的排错手段。

1. 应用程序向导

与其他可视化开发工具一样，Visual C ++ 提供了创建应用程序框架的向导 AppWizard 和相关的开发工具。在可视化开发环境下，生成一个应用程序要做的工作主要包括编写源代码、添加资源和设置编译方式。向导实质上是一个源代码生成器，利用应用程序向导可以快速创建各种风格的应用程序框架，自动生成程序通用的源代码，这样大大减轻了编写代码的工作量。即使不是非常熟悉 Visual C ++编程，也可以利用它的应用程序向导生成一个简单的应用程序。

创建一个新的应用程序时，首先要创建一个新的项目，项目用于管理组成应用程序的所有文件（元素），如源文件、头文件、资源文件等，并由它生成应用程序。Visual C ++集成开发环境包含了创建各种类型应用程序的向导，执行"File"菜单中的"New"命令即可看到向导类型，如表4-1所示。

表 4-1　Visual C ++中的向导类型

向 导 类 型	说　　　明
ATL COM AppWizard	创建 ATL 应用模块工程
Cluster Resource Type Wizard	创建 Cluster Resource
Custom AppWizard	创建自己的应用程序向导
Database Project	创建数据库应用程序
DevStudio Add – in Wizard	创建 ActiveX 组件或者 VBScript 宏
ISAPI Extension Wizard	基于 Internet Server 程序
Makefile	创建独立于 VC ++开发环境的应用程序
MFC Activex Control Wizard	创建 ActiveX Control 应用程序
MFC Appwizard[dll]	MFC 动态链接库
MFC Appwizard[exe]	一般的 MFC 的应用程序
Utility Project	创建简单实用的应用程序
Win32 Application	其他 Win32 的 Windows 应用程序
Win32 Console Application	Win32 的控制台应用程序
Win32 Dynamic – link Library	Win32 的动态链接库
Win32 Static Library	Win32 的静态链接库

2. 引入应用程序向导的目的

区别于 DOS 程序，即使一个简单的 Windows 程序，也必须显示一个程序运行窗口，需要编写复杂的程序代码。而同一类型应用程序的框架窗口风格是相同的，如相同的菜单栏、工具栏、状态栏和工作区。并且，基本菜单命令的功能也是一样的，如相同的文件操作和编辑命令。所以，同一类型应用程序建立框架窗口的基本代码都是一样的，尽管有些参数不尽相同。为了避免程序员重复编写这些代码，一般的可视化软件开发工具都提供了创建 Windows 应用程序框架的向导。

MFC APPWizard[exe]的功能如下。

1）MFC APPWizard[exe]是创建基于 MFC 的 Windows 应用程序的向导。当利用 MFC AP-PWizard[exe]创建一个项目时，它能够自动生成一个 MFC 应用程序的框架。

2）即使不添加任何代码，当执行编译、链接命令后，Visual C ++IDE 将生成一个 Windows 界面风格的应用程序。

3）MFC 应用程序框架将每个程序都共同需要使用的代码封装起来，如完成默认的程序初始化功能、建立应用程序界面和处理基本的 Windows 消息，使程序员不必做这些重复的工作，把精力放在编写实质性的代码上。

4）MFC APPWizard[exe]向导提供了一系列选项，程序员通过选择不同的选项，可以创建不同类型和风格的 MFC 应用程序，并可指定不同的程序界面窗口。例如，单文档、多文档、基于对话框的程序，是否支持数据库操作、是否可以使用 ActiveX 控件以及是否具有联机帮助等。

MFC APPWizard［exe］创建的应用程序的类型包括以下几种。

1）Single document：单文档界面应用程序，程序运行后出现标准的 Windows 界面，它由框架（包括菜单栏、工具栏和状态栏）和用户区组成。并且程序运行后一次只能打开一个文档，如 Windows 的记事本 Notepad。

2）Multiple documents：多文档界面应用程序，程序运行后出现标准的 Windows 界面，并且可以同时打开多个文档，如 Word。

3）Dialog based：基于对话框的应用程序，程序运行后首先出现一个对话框界面，如计算器（Calculator）。

4.1.2 类向导——ClassWizard

Visual C ++ IDE 为 MFC 提供了大量的支持工具，除了 MFC APPWizard［exe］向导，还提供了 ClassWizard 类向导，利用它程序员可以方便地增加或删除对某个消息的处理。ClassWizard 可以完成的主要功能如下。

1）创建新类。这是 ClassWizard 最基本的用途之一。创建的新类由一些主要的基类派生而来，这些基类用于处理 Windows 的消息，对一般用户来说，这些基类已经足够了。

2）进行消息映射。这些消息主要和窗口、菜单、工具栏、对话框、控件以及快捷键相关联。

3）添加成员变量。利用 ClassWizard，可以很方便地向类中添加成员变量，并将这些成员变量与对话框或窗口中的控件关联起来，当控件的值改变时，所对应的成员变量的值也随之发生变化。

4）覆盖虚拟函数。使用 ClassWizard 可以方便地覆盖基类中定义的虚拟函数。

ClassWizard 类向导提供了 Message Maps、Member Variables、Automation、Active Events 和 Class Info 五个选项卡，本书只介绍其中最为常用的两个。

● Message Maps：映射消息给予窗口、对话框、控件、菜单选项和加速键有关的处理函数；创建或删除消息处理函数；查看已经拥有消息处理函数的消息并跳转到相应的处理代码中。

● Member Variables：定义成员变量用于自动初始化；收集并验证输入到表单视图（Form View）中的数据。

4.1.3 项目与项目工作区

Visual C ++ 应用程序的核心是项目（Project，也称"工程"），它通常位于项目工作区（Workspace）中。Visual C ++ 项目工作区可以容纳多个项目。例如，假设用户正在编写一个动态链接库（Dynamic Link Library，DLL），可以在一个项目工作区中为 DLL 创建一个项目，然后创建另外一个项目来测试这个动态链接库。

1. 项目

在 Visual C ++ 集成开发环境中，可以通过选择"File｜New"命令，在弹出的"New"

对话框来创建一个新的项目。这个项目可以是一个游戏程序，或者是其他的应用程序。项目名是项目中其他文件命名的基础，它的扩展名为"dsp"（Developer Studio Project）。

项目文件维护程序中所用的源代码文件和资源文件，以及 Visual C++ 如何编译连接应用程序的信息。Visual C++ 采用项目文件通过编译和连接来生成可执行的程序。

2. 项目工作区

在创建一个项目的同时，也创建了一个项目工作区。项目工作区文件的扩展名为"dsw"（Developer Studio Workspace）。可以使用项目工作区窗口去查看和访问项目的各种组件，它用于保存工作区的设置。项目工作区文件含有工作区的定义和项目中所包含文件的全部信息。项目工作区由 ClassView、ResourceView 及 FileView 三个面板组成。

- ClassView：如图 4-1 所示，它的主要功能是浏览类的成员。成员左边有一个或多个图标，表示该成员是成员变量还是成员函数；带钥匙图标的成员，表示该成员是保护或私有类型；双击一个类，会立即打开声明该类的头文件，光标停留在类的声明处；双击某个成员变量，光标停留在该变量的声明处；双击某个成员函数，光标停留在成员函数的定义或实现处。

- ResourceView：如图 4-2 所示，拥有当前项目中包含的所有资源，它们是：Accelerator，快捷键资源；Dialog，对话框资源；Icon，图标资源；Menu，菜单资源；String Table，字符串表资源；Toolbar，工具栏资源；Version，版本资源。双击某个低层图标或资源文件名，可打开相应的资源编辑器。

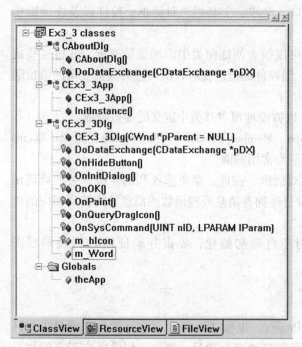

图 4-1　ClassView

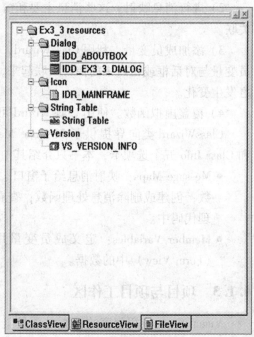

图 4-2　ResourceView

- FileView：显示当前项目中各项目之间的包含关系和项目中包含的所有文件。双击某个文件名或图标时，可打开相应的源程序编辑窗口，如图 4-3 所示。

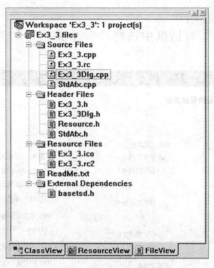

图 4-3　FileView

4.2　SDI 相关知识

单文档界面（Single Document Interface，SDI）是 MFC 支持的应用程序之一，单文档窗口一次只能打开一个文档框架窗口，只能进行一份文档或图片的操作，也就是不能同时在一个程序里打开两个文件，想要打开另一个文档时，必须先关上已打开的文档。

4.2.1　新建一个 SDI 应用程序

下面通过一个实例来介绍 MFC 向导生成 SDI 应用程序框架的过程。

1. 使用向导建立 MFC 应用程序框架

（1）新建项目

在"新建项目"对话框中选择"MFC 应用程序"选项，并输入项目名称"MFCtest"，如图 4-4 所示。

图 4-4　"新建项目"对话框

（2）使用"MFC 应用程序向导"

在"MFC 应用程序向导"对话框中选择"单个文档"和"MFC 标准"单选按钮，如图 4-5 所示。

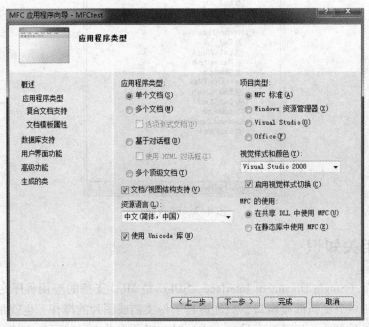

图 4-5 "MFC 应用程序向导"对话框

（3）生成类

向导将生成 4 个类：CMFCtestView、CMFCtestApp、CMFCtestDoc、CMFCtestFrame，如图 4-6 所示。

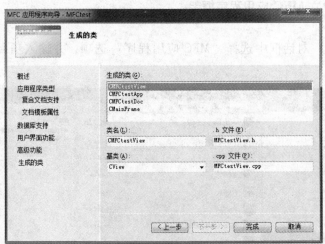

图 4-6 应用程序向导生成的类

（4）应用程序框架

最后得到应用程序框架如图 4-7 所示。在项目工作区的类视图中可以看到应用程序中已有 5 个类：

图 4-7　MFC 应用程序框架

- CAboutDlg：向导自动生成的"关于"对话框类。
- CMainFrame：为应用程序提供一个窗口，它从 CFrameWnd 类中派生，而 CFrameWnd 类包含了一个简单窗口。
- CMFCtestApp：负责应用程序的初始化；维持文档、视图和框架各个类之间的联系；接收 Windows 消息，并将这些消息发送给相应窗口。
- CMFCtestDoc：文档类，继承自 CDocument，充当应用程序数据的容器。
- CMFCtestView：实现文档数据的可视化，并使用户可以与数据交互，把用户的输入转化为对文档数据的操作。

（5）编译运行窗口

利用 MFC 向导建立应用程序 MFCtest 的框架后，用户无须编写任何代码，就可以对程序进行编译、链接，生成一个基本的应用程序。MFCtest 应用程序的运行结果如图 4-8 所示。

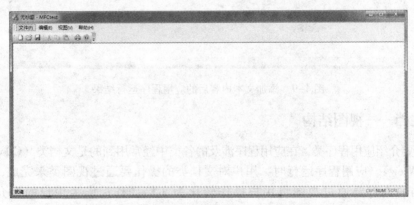

图 4-8　MFCtest 应用程序的运行结果

2. 在应用程序框架中添加代码

前面只是应用 MFC 的向导生成了一个简单的应用程序框架。但一般情况下，用户应根据程序需要完成功能要求，对应用程序框架添加一些代码，以实现应用程序的功能。

在本例中，要求在应用程序窗体的空白处显示一行字符文字内容，这就需要在成员函数 CMFCtestView∷OnDraw()中添加显示文本的代码。

（1）添加代码

在文件 MFCtestView.cpp 中的 void CMFCtestView∷OnDraw(CDC ∗ pDC)绘图函数中加入代码如下。

```
void CMFCtestView∷OnDraw(CDC ∗ pDC)
{
    CMFCtestDoc ∗ pDoc = GetDocument();
    ASSERT_VALID(pDoc);
    if (!pDoc)
        return;
    pDC -> TextOut(50,50,_T("这是向导自动生成的应用程序"));
}
```

函数 TextOut()是 CDC 类的成员函数，其功能是在指定位置输出字符文字的内容，第1、2个参数是坐标位置，第3个参数_T 是要输出的字符串。MFC 应用程序一般在视图类的成员函数 OnDraw()中实现屏幕输出。

（2）编译运行窗口

编译、链接后，程序运行结果如图4-9所示。

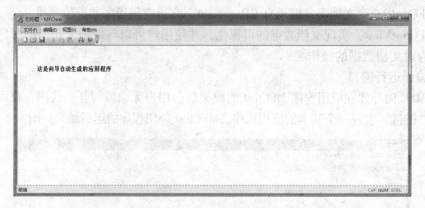

图4-9 添加文本内容后的应用程序运行结果

4.2.2 文档——视图结构

本节主要介绍应用程序类，在应用程序涉及的各类中经常用到的是文档类（CDocument）和视图类（CView）。应用程序运行时，用户对文档类的操作要通过视图类来完成，即在视图中显示文档的内容要通过视图将用户操作转化为文档操作；作为用户的中介，视图类（CView）及其派生类包含面向文档和面向用户的成员函数，通过这些函数来完成其中介作用。MFC 类库的许多功能都依赖于文档/视图结构的相关类来完成。因此，理解并掌握文档类、视图类以及文档/视图结构将会对应用程序设计起到很好的帮助作用。

1. 文档和视图概述

文档和视图是一个统一体。从语法上来说，视图 CView 类是文档 CDocument 类的友类。

46

文档是指应用程序的数据结构，是 CDocument 派生类的对象。它不仅包括应用程序的对象，还包括处理这些数据的方法，并负责将这些信息准确无误地提供给应用程序中任何需要这些数据的地方。视图是 CView 派生类的对象，拥有框架窗口的客户区，负责显示文档数据、接收客户区内容的消息，并且还负责与文档打印相关的操作，是文档与用户之间的接口。

基于 MFC 程序设计自身的便利性，在程序设计框架中有许多内容是程序设计人员不需要了解的，因而在应用文档和视图进行一般的程序设计时，设计人员应着重理解文档类和视图类在应用程序设计中的相互关系。

2. 文档类

文档可以看作是一个虚拟存储设备，它的智能在于保存应用程序的数据，与磁盘文件进行交互等。MFC 的 CDocument 类为应用程序的文档对象提供了强大的基本功能。其中包括创建新文档、串行化文档数据、提供文档对象、与视图窗口之间进行交互，以及其他许多功能。MFC 也提供了 CDocument 类的一系列派生类，而这些类的实现特定于某些应用程序类型的功能。表 4-2 给出了常用的 CDocument 类的一般方法。

应用程序可根据文档类型的不同划分为单文档和多文档应用程序，单文档应用程序框架和多文档应用程序框架的实质差别很少。单文档应用程序的特点是应用程序开始运行后就新建了一个文档，相当于执行了一次"新建"命令，而且单文档应用程序有且只有一个文档，即新文档建立后必然会关闭旧文档。多文档应用程序可以同时打开几个文档，而且可以同时把所有的文档关闭。

表 4-2　CDocument 类的一般方法

方　　法	说　　明
GetTittle( )	获得文档标题
SetTittle( )	设置文档标题
GetPathName( )	获得文档数据文件的路径字符串
SetPathName( )	设置文档数据文件的路径字符串
GetDocTemplate( )	获得指向描述文档类型的文档模板的指针
AddView( )	对与文档相关联的视图列表添加指定的视图
RemoveView( )	从文档视图列表中删除视图
UpdateAllViews( )	通知所有视图，文档已被修改，它们应该重画
DisconnectViews( )	使文档与视图分离
GetFile( )	获得指向 CFile 类型的指针

3. 视图类

视图在文档和用户之间起中介作用。它可以接收用户的输入，并接受用户的修改。通过调用文档和视图的接口把修改后的信息反馈给文档类，实际的数据更新仍是由文档类来完成的。视图可以间接地访问文档类的成员变量，它从文档类中将文档中的数据取出进而在窗口中显示出来。表 4-3 和表 4-4 分别给出了视图类（CView 类）的常用一般方法和主要虚拟方法。

表 4-3　CView 类的一般方法

方　　法	说　　明
GetDocument( )	获得指向与视图相关联的文档的指针
DoPreparePrinting( )	激活 Print 对话框并创建一个打印机设备环境

表 4-4　CView 类的主要虚拟方法

方　　法	说　　明
IsSelected( )	确定文档是否被选中
OnScroll( )	当用户滚动窗口时，CView 的响应
OnInitialUpdate( )	在类第一次构造后由 MFC 调用
OnDraw( )	由 MFC 调用发出文档的设备描述表
OnUpdate( )	由 MFC 调用对文档的修改进行响应
OnPrepareDC( )	在调用 OnDraw( ) 前允许修改设备描述表，由 MFC 调用

　　一个视图只能对应一个文档，而一个文档所对应的视图却可以有几种，同时与同一文档对应的多个视图可以在同一应用程序框架中显示。利用应用程序框架，可以使用切分窗或多文档子窗口来显示多个视图。

4.3　鼠标与键盘

　　鼠标与键盘是用户与应用程序交互的设备，在 MFC 中，对鼠标和键盘的处理已经标准化了，只需在应用程序中添加事件，MFC 自动生成相对应的处理接口。通常，我们是在视图类中添加鼠标和键盘事件的。

4.3.1　鼠标事件

　　在鼠标上按下或释放某一个键，会触发某一个对应的消息。

　　在工作区的"类视图"选项卡中右击，在弹出的快捷菜单中选择"类向导"命令，弹出"MFC 类向导"对话框，如图 4-10 所示。

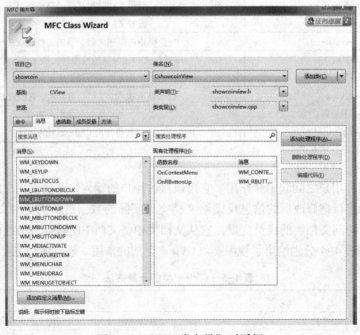

图 4-10　"MFC 类向导"对话框

在消息列表中可以选择鼠标事件，如 OnLButtonDblClk、OnLButtonUp、OnLButtonDown、OnRButtonDblClk、OnRButtonUp、OnRButtonDown、OnMouseMove，双击所选择的鼠标事件，或右击，在弹出的快捷菜单中选择"编辑代码"命令，将进入代码编辑器中相应的函数代码位置，如图 4-11 所示。

```
void CshowcoinView::OnLButtonDown(UINT nFlags, CPoint point)
{
    // TODO: 在此添加消息处理程序代码和/或调用默认值

    CView::OnLButtonDown(nFlags, point);
}
```

图 4-11　系统自动添加的鼠标响应函数代码

代码中，函数 OnLButtonDown(UINT nFlags, CPoint point) 的参数说明如下。

- nFlags：标志位，用于判断〈Shift〉、〈Ctrl〉等键是否被按下。
- point：按下鼠标左键的具体像素位置。

4.3.2　键盘事件

按下或释放键盘上某一个键，同样也会触发某一个对应的消息。

在工作区的"类视图"选项卡中右击，在弹出的快捷菜单中选择"类向导"命令，弹出"MFC 类向导"对话框，如图 4-12 所示。

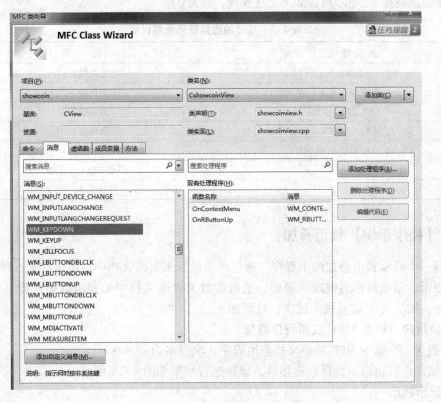

图 4-12　"MFC 类向导"对话框

在消息（S）列表中可以选择键盘事件，如 WM_KEYDOWN、WM_KEYUP，双击所选择的键盘事件，或右击，从弹出的快捷菜单中选择"编辑代码"命令，将进入代码编辑器中相应的函数代码位置，如图 4-13 所示。

```
void CshowcoinView::OnKeyDown(UINT nChar, UINT nRepCnt, UINT nFlags)
{
    // TODO: 在此添加消息处理程序代码和/或调用默认值

    CView::OnKeyDown(nChar, nRepCnt, nFlags);
}
```

图 4-13　系统自动添加的键盘响应函数代码

代码中，函数 OnKeyDown(UINT nChar，UINT nRepCnt，UINT nFlags) 的参数说明如下。

- nChar：是按键的虚拟键码（virtual key code），可以根据虚拟键码、用 switch – case 语句来判断哪一个按键被按下，并给出相应的处理。按键的虚拟键码及其说明如表 4-5 所示。
- NRepCnt：保存键被单击的次数。
- nFlags：其值是一个 16 位的 UINT 型。第 0 ~ 7 位：扫描码；第 8 位：扩展键，如功能键（F1 ~ 12），或者数字区的键；第 9 ~ 10 位：没有使用；第 11 ~ 12 位：供 Windows 内部使用；第 13 位：状态描述码（如果按下时 Atl 键也是按下的，那么值为 1，否则为 0）；第 14 位：前一个键的状态（如果是按下，值为 1，否则为 0）；第 15 位：变换状态（如果键正被按下，值为 1，如果正在放开，值为 0）。

表 4-5　按键的虚拟键码及其说明

虚拟键码	说　　明
VK_UP	方向键〈↑〉
VK_DOWN	方向键〈↓〉
VK_LEFT	方向键〈←〉
VK_RIGHT	方向键〈→〉
VK_F1, VK_F1, …, VK_F10	功能键〈F1〉，〈F2〉，…，〈F10〉
'0', …, '9'	数字键 0，…，9
'A', …, 'Z'	字母键 A，…，Z

4.3.3　【程序示例】钱币叠加

编写一个显示钱币叠加的小程序。通过单击鼠标来更改文档中的硬币数据：单击鼠标左键增加硬币，单击鼠标右键减少硬币。通过键盘来更改文档中的硬币数据：按〈↑〉键使硬币增加，按〈↓〉键使硬币减少，过程如下。

1. 使用向导建立 MFC 应用程序框架

1）创建一个基于 MFC 的单文档应用程序，项目名为 showcoin。

2）编译运行窗口。编译、链接后，程序运行结果如图 4-14 所示。

2. 显示钱币

1）声明变量。在文件 showcoinDoc. h 的 class CshowcoinDoc：public Cdocument 类中声明变量，代码如下。

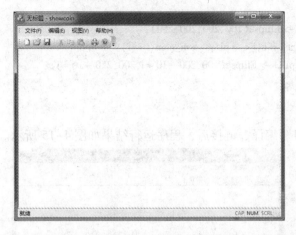

图 4-14   showcoin 应用程序运行窗口

```
class CshowcoinDoc : public Cdocument
{
    ……
    public:
        int m_coin;
    ……
}
```

2）初始化变量。在文件 showcoinDoc. h 的 CshowcoinDoc∷CshowcoinDoc( )构造函数中初始化变量，代码如下。

```
CshowcoinDoc∷CshowcoinDoc( )
{
    m_coin = 1 ;
}
```

3）绘制钱币。在文件 catchmeView. cpp 的 CcatchmeView∷OnDraw(CDC ∗ pDC)函数中添加如下代码。

```
void CshowcoinView∷OnDraw( CDC ∗ pDC)
{
    CshowcoinDoc ∗ pDoc = GetDocument( ) ;
    ASSERT_VALID( pDoc) ;
    if( !pDoc)
        return ;
    CString str ;
    str. Format( _T( " Coin number is % d" ) ,pDoc -> m_coin) ;
    pDC -> TextOutW( 100 ,300 ,str) ;
    if( pDoc -> m_coin >= 1 )
    {
```

```
pDC -> Ellipse(100,200,200,250);
for( int i = 1 ; i < = pDoc -> m_coin ; i ++ )
    pDC -> Ellipse(100,200 - 10 * i,200,250 - 10 * i);
    }
}
```

4）编译运行窗口。编译、链接后，程序运行结果如图 4-15 所示。

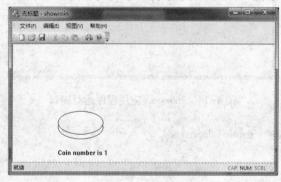

图 4-15 显示钱币

3. 添加鼠标键盘事件

1）添加单击事件。在"MFC Class Wizard"对话框中，在"类名"下拉列表中选择"CshowcoinView"，在"消息"列表中选择"WM_LBUTTONDOWN"，然后单击"添加处理程序"按钮，如图 4-16 所示。

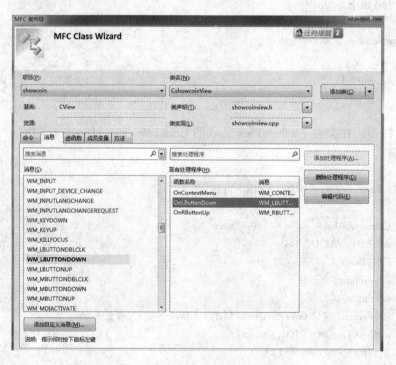

图 4-16 "MFC 类向导"对话框

2）功能实现。在文件 showcoinView. cpp 的 CshowcoinView：：OnLButtonDown（UINT nFlags，CPoint point）函数中添加如下代码。

```
void CshowcoinView：：OnLButtonDown（UINT nFlags，CPoint point）
{
    CshowcoinDoc * pDoc = GetDocument（）；
    pDoc -> m_coin += 1；
    pDoc -> UpdateAllViews（NULL）；
    CView：：OnLButtonDown（nFlags，point）；
}
```

3）添加鼠标右击事件。在"MFC Class Wizard"对话框中，在"类名"下拉列表中选择"CshowcoinView"，在"消息"列表中选择"WM_RBUTTONDOWN"，单击"添加处理程序"按钮，如图4-17所示。

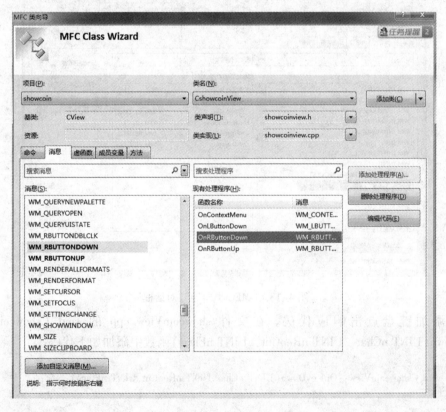

图4-17 "MFC类向导"对话框

4）添加右击响应代码。在文件 showcoinView. cpp 的 CshowcoinView：：OnRButtonDown（UINT nFlags，CPoint point）函数中添加如下代码。

```
void CshowcoinView：：OnRButtonDown（UINT nFlags，CPoint point）
{
    CshowcoinDoc * pDoc = GetDocument（）；
```

```
        pDoc -> m_coin - = 1;
        pDoc -> UpdateAllViews( NULL);
        CView::OnRButtonDown( nFlags, point);
    }
```

5）添加键盘事件。在"MFC Class Wizard"对话框中，在"类名"下拉列表中选择"CshowcoinView"，在"消息"列表中选择"WM_KEYDOWN"，然后单击"添加处理程序"按钮，如图 4-18 所示。

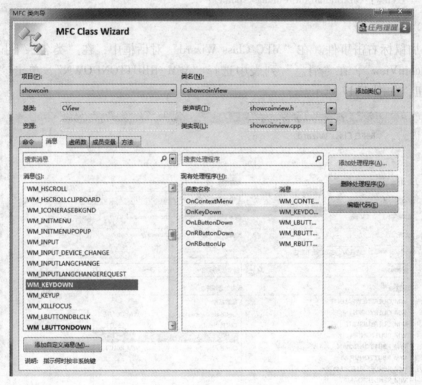

图 4-18 "MFC 类向导"对话框

6）添加键盘点击响应代码。在文件 showcoinView. cpp 的 void CshowcoinView::OnKeyDown(UINT nChar, UINT nRepCnt, UINT nFlags) 函数中添加如下代码。

```
    void CshowcoinView::OnKeyDown( UINT nChar, UINT nRepCnt, UINT nFlags)
    {
        CshowcoinDoc * pDoc = GetDocument();
        switch( nChar)
        {
            case VK_UP:
                pDoc -> m_coin ++;
                break;
            case VK_DOWN:
```

```
                pDoc -> m_coin -- ;
                if( pDoc -> m_coin < 0 )
                    pDoc -> m_coin = 0 ;
                break ;
        }
        Invalidate( true ) ;
        CView : : OnKeyDown( nChar , nRepCnt , nFlags ) ;
    }
```

7）编译运行窗口。编译、链接后，程序运行结果如图 4-19 所示。

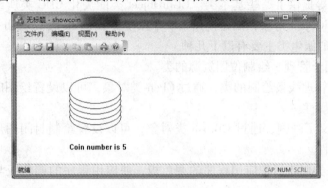

图 4-19　钱币的叠加效果

至此，一个钱币的叠加应用程序的设计已经完成，读者也可以通过学习后面章节中菜单的知识，用菜单命令来控制钱币的多少。

4.4　GDI 相关知识

图形设备接口（Graphics Device Interface，GDI）是一个可执行程序。它接受 Windows 应用程序的绘图请求（表现为 GDI 函数调用），并将它们传递给相应的设备驱动程序，完成特定于硬件的输出，如打印机输出和屏幕输出。它的主要任务是负责系统与绘图程序之间的信息交换，处理所有 Windows 程序的图形输出。

实际上，在 Windows 操作系统下，绝大多数具备图形界面的应用程序都离不开 GDI，利用 GDI 所提供的函数可以方便地在屏幕、打印机及其输出设备上输出图形、文本等。因为有了 GDI，就可以将应用程序的输出转化为硬件设备上的输出，实现了程序开发者与硬件设备的分离，从而极大地方便了程序员的工作。

GDI 是为与设备无关的图形设计的。所谓设备无关，就是操作系统屏蔽了硬件设备的差异。如在绘制一个红色三角形时，并不需考虑显卡是 GF9500 或是 GF9600，也不需考虑是 CRT 还是液晶显示。在使用 GDI 时，首先需获取的是设备环境/设备上下文/设备描述表（Device Context，DC），是一种包含有关某个设备（如显示器或打印机）的绘制属性信息的 Windows 数据结构。所有绘制调用都通过设备上下文对象进行，这些对象封装了用于绘制线条、形状和文本的 Windows API。

GDI 包括的范围很广，具体有以下功能。

- 绘制点、线、矩形、椭圆、多边形等几何图形。
- 显示 BMP 等多种格式的图像，并能对图像进行拉伸、缩小、裁剪、旋转、改变透明度等操作。
- 可以设置多种字体来显示文字。
- 可以设置画笔和画刷的属性。
- 可以设置不同类型的坐标系。

4.4.1　CGdiObject 类的派生类

CGdiObject 类为各种 Windows 图形设备接口（GDI）对象，如位图、区域、画刷、画笔、调色板、字体等提供了一些基本类。CGdiObject 类能美化 CDC 类所绘制的图形，不会直接构造一个 CGdiObject 对象，而是使用某一个派生类如 CPen 或 CBrush 创建。

CGdiObject 类的派生类主要有以下几种。

- CBitmap：用于管理、绘制位图资源的类。
- CPen：用于管理线条绘制的类，通过 CPen 类对象，可以设置绘图时的线型、线条宽度、颜色等属性。
- CBrush：定义了画刷，通过 CBrush 类对象，可以设置绘制封闭图形的填充颜色、填充样式等属性。
- CPalette：该类用于管理应用程序的调色板，使应用程序的调色板与其他应用程序不干扰。
- CRgn：定义一个区域，该区域是由一个或多个封闭几何形体构成的一个范围，用来进行填充、鼠标测试等工作。
- CFont：用于管理字体，设置绘制文本的字体大小、字体式样等属性。

4.4.2　画笔和画刷的使用方法

在程序设计中，经常要用到画笔和画刷。

1. 画笔的使用方法

所谓画笔，就像我们常用的笔一样，可以用来绘制各种线条，包括直线和曲线。CPen 类中封装了绘图的画笔工具。可以利用 CPen 类来设置当前要使用的画笔的属性，包括线条的类型、颜色、宽度等。

一个设备环境在同一时间只能拥有一个画笔，如果把一个新的画笔选进设备环境，设备环境原来的那个画笔就丢了。所以创建新画笔的同时，要保存旧画笔，并使用新画笔取代旧画笔，最后在绘制结束时再把原来的旧画笔放回设备环境。

假设新建一个 DrawApp 的应用程序，使用画笔的程序代码如下。

```
void CDrawAppView::OnDraw(CDC * pDC)
{
    CDrawAppDoc * pDoc = GetDocument();
    ASSERT_VALID(pDoc);
    //创建新画笔
    CPen pen(PS_SOLID,2,RGB(0,0,255));
```

```
        //把新的蓝笔选进设备环境,同时保存旧画笔
        CPen * pOldPen = pDC -> SelectObject( &pen ) ;
        pDC -> MoveTo( 20 ,30 ) ;
        pDC -> LineTo( 50 ,60 ) ;
        //恢复旧画笔
        pDC -> SelectObject( pOldPen ) ;
    }
```

代码 BOOL CreatePen(int nPenStyle, int nWidth, COLORREF crColor) 为创建画笔函数,其参数说明如下。

- nPenStyle：画笔样式,可以为 PS_DASH、PS_DASHDOT、PS_SOLID、PS_DASHDOT-DOT、PS_DOT,具体说明如表4-6所示。
- nWidth：画笔宽度。
- crColor：画笔颜色。

表4-6 画笔样式及说明

画 笔 样 式	说　明	画 笔 样 式	说　明
PS_DASH	虚线	PS_SOLID	实线
PS_DASHDOT	点画线	PS_DOT	点线
PS_DASHDOTDOT	双点画线		

使用画笔的主要步骤如下。

1) 创建新的画笔类对象。可以调用 CPen 类的构造函数 CPen::CPen( ) 来创建:

```
    CPen pen( PS_SOLID ,2 ,RGB( 0 ,0 ,255 ) ) ;
```

也可以调用 CPen 类的成员函数 CreatePen( ) 来实现:

```
    CPen pen;
    pen. CreatePen( PS_SOLID ,2 ,RGB( 0 ,0 ,255 ) ) ;
```

2) 保存旧画笔,并将新创建的画笔对象选入设备对象中:

```
    CPen * pOldPen = pDC -> SelectObject( &pen ) ;
```

SelectObject( ) 是 CDC 类中的一个重要成员函数,调用该函数可实现选择新对象,并返回旧对象的指针。

3) 开始绘图工作,调用 CDC 类的各种绘图函数进行绘图。

4) 恢复原来的旧画笔,同样调用 SelectObject( ) 函数来实现。

2. 画刷的使用方法

画刷主要用于将指定区域用指定的颜色进行充填。使用画刷与使用画笔的方法相似。首先需要创建一个新的画刷对象,然后用它来取代原有的画刷,使用完后再恢复旧画刷。MFC 的 CBrush 类封装了绘图的画刷工具。

新建一个名为 DrawApp 的应用程序,使用画刷的方法如下。

```
void CDrawAppView::OnDraw(CDC * pDC)
{
    CDrawAppDoc * pDoc = GetDocument();              //返回文档指针
    ASSERT_VALID(pDoc);
    CBrush * brush = new CBrush(RGB(255,0,0));
    CBrush * pOldBrush = pDC -> SelectObject(brush); //保存旧画刷
    pDC -> Rectangle(20,20,60,60);
    pDC -> SelectObject(pOldBrush);                  //恢复旧画刷
}
```

各种画刷的创建方法如下。

1）CreateSolidBrush()：创建实心画刷。

BOOL CreateSolidBrush(COLORREF crColor)的参数说明：crColor 是画刷的颜色，函数调用成功则返回 TRUE。

2）CreateHatchBrush()：函数创建阴影画刷。

所谓阴影画刷，就是使用某种特定的阴影模式（如水平线、垂直线、斜线等）来填充图形的内部。

BOOL CreateHatchBrush(int nIndex，COLORREF crColor)的参数说明如下。

- nIndex：画刷的阴影模式，可以为 HS_BDIAGONAL、HS_DIAGCROSS、HS_CROSS、HS_FDIAGONAL、HS_HORIZONTAL、HS_VERTICAL，具体说明如表4-7所示。
- crColor：画刷的颜色。

表4-7 画刷的阴影模式及说明

画刷阴影模式	效　果	画刷阴影模式	效　果
HS_BDIAGONAL	45°斜线，从左下到右上	HS_FDIAGONAL	45°斜线，从左上到右下
HS_CROSS	水平与垂直方格线	HS_HORIZONTAL	水平横条线
HS_DIAGCROSS	45°斜线，双线交叉	HS_VERTICAL	垂直竖条线

使用画刷的主要步骤如下。

1）与画笔相同，在创建新画刷对象后，也可以采用两种方法来对其初始化。既可以调用 CBrush 类的构造函数 CBrush::CBrush()：

```
CBrush * brush;
brush = new CBrush(RGB(255,0,0));
```

也可以调用 CBrush 类的成员函数 CreateSolidBrush() 来实现，即程序中的语句：

```
CBrush brush;
brush.CreateSolidBrush(RGB(255,0,0));
```

2）保存旧画刷，并将新创建的画刷对象选入设备对象中：

```
CBrush * pOldBrush = pDC -> SelectObject( brush) ;                    //保存旧画刷
```

3）开始绘图工作，调用 CDC 类的各种绘图函数进行绘图。

4）恢复原来的旧画刷，同样调用 SelectObject( ) 函数来实现。

4.4.3　文字的显示和图形的绘制

1. 文字的显示

CDC 类中有两种文本输出函数：TextOut( ) 和 DrawText( )。TextOut( ) 只能处理单行文本，DrawText( ) 可以处理多行文本。

```
BOOL TextOut( int x,int y,const CString& str) ;
```

TextOut( ) 函数在指定坐标上，以当前字体、颜色等属性显示字符串。其中，x 和 y 为输出文本起始点的横坐标和纵坐标；str 为存储字符串的 CString 对象，CString 是 MFC 封装的一个用于处理字符串的类，使用很简单，代码如下。

```
CString str = " Hello,I am Jacky" ;
pDC -> TextOut(10,10,str) ;
```

该类还有很多成员函数，方便文本处理。

2. 图形的绘制

（1）画点

画点函数 SetPixel( ) 是最基本的 GDI 绘图函数，它用指定的颜色在指定的坐标位置画一个点，其用法如下：

```
SetPixel( int x,int y,COLORREF crColor) ;
```

其中，参数 x，y 指定点的坐标；crColor 指定颜色值；p 为一个 POINT 结构或 CPoint 对象，其成员就是 x，y，即点的坐标。该函数返回原先此点的颜色。

下面的代码表示在（100，100）点处画一个红色的点。

```
void CEx09View::OnDraw(CDC * pDC)
{
    …
    pDC -> SetPixel(100,100,RGB(255,0,0)) ;
    …
}
```

（2）画线

绘制直线先用 MoveTo( ) 函数移动当前点，再用 LineTo( ) 函数从当前点到指定点之间画一条直线。MoveTo( ) 函数用于移动当前位置：

```
CPoint MoveTo(int x,int y);
```

LineTo( )函数用于在当前点和指定点之间画一条直线:

```
BOOL LineTo(int x,int y);
```

下面是一个画曲线的例子。

在头文件中添加#include " math. h",代码如下。

```
void CqunxianView::OnDraw(CDC * pDC)
{
CRect rect;
GetClientRect(rect);//获取窗口客户区的坐标
int x0 = rect. Width( )/2; int y0 = rect. Height( )/2;
pDC -> MoveTo(20,y0); pDC -> LineTo(rect. Width( ) - 20,y0);
pDC -> MoveTo(x0,20); pDC -> LineTo(x0,rect. Height( ) - 20);
double step = 3. 14159/100;
for(int i = - 200;i < 200;i + + )
pDC -> SetPixel(x0 + (i/300. 0) * rect. Width( )/2,
y0 - sin(step * i) * rect. Height( )/4,RGB(255,0,0));
}
```

编译运行窗口,得到如图4-20所示的曲线。

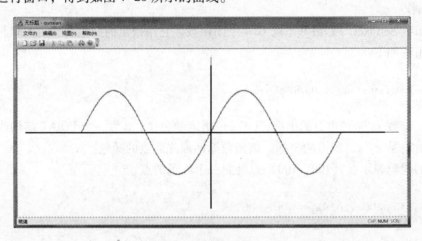

图4-20 曲线图

(3)画椭圆

椭圆的绘制方法是:指定一块矩形区域,GDI 就会自动画出一个与矩形内切的椭圆。Ellipse( )函数用于画椭圆:

```
BOOL Ellipse(int x1,int y1,int x2,int y2);
```

其中,参数 x1,y1 指定椭圆外切矩形左上角横、纵坐标;x2,y2 指定椭圆外切矩形右下角横、纵坐标。

（4）画矩形

Rectangle( )函数用于绘制矩形：

> BOOL Rectangle(int x1,int y1,int x2,int y2);

其中，参数 x1，y1 指定矩形左上角横、纵坐标；x2，y2 指定矩形右下角横、纵坐标。

RoundRect( )函数用于绘制圆角矩形：

> BOOL RoundRect(int x1,int y1,int x2,int y2,int x3,int y3);

其中，参数 x1，y1 指定圆角矩形左上角横、纵坐标；x2，y2 指定圆角矩形右下角横、纵坐标；x3，y3 用于指定绘制矩形圆角的椭圆宽度和高度。

（5）画多边形

Polygon( )函数用于绘制多边形：

> BOOL Polygon(LPPOINT lpPoints,int nCount);

该函数会把给出的点连起来，画出一个多边形，其中 lpPoints 参数是一个数组，nCount 参数指定数组的大小，lpPoints 参数也可以用 CPOINT 数组代替。

Polyline( )函数也可以画多边形：

> BOOL Polyline(LPPOINT lpPoints,int nCount);

该函数与 Polygon( )函数有点像，可以连续画线段，但不会自动把所有点都连起来，组成封闭的折线，nCount 必须大于 1。

4.5　位图及其加载

计算机屏幕上显示出来的画面通常有两种描述方法：一种为图形，另一种为图像。

矢量图形由数学公式表达的线条所构成，线条非常光滑流畅，放大图形，其线条依然可以保持良好的光滑性及比例相似性，图形整体不变形，占用空间较小。工程设计图、图表、插图经常以矢量图形曲线来表示。常用的矢量绘图软件有 AutoCAD、CorelDRAW、Illustrator、Freehand 等。

位图图像由像素点组合而成，色彩丰富、过渡自然。保存时计算机需记录每个像素点的位置和颜色，所以图像像素点越多（分辨率高），图像越清晰，文件就越大。一般能直接通过照相、扫描、摄像得到图形都是位图图像。缺点是：体积较大，放大图形不能增加图形的点数，可以看到不光滑边缘和明显颗粒，质量不容易得到保存。常用的位图软件有 Photoshop、COOL 3D、Painter、Fireworks 等。图像适合于表现含有大量细节（如明暗变化、场景复杂和多种颜色等）的画面，并可直接、快速地在屏幕上显示出来。图像占用存储空间较大，一般需要进行数据压缩。

图形和图像的区别主要有以下几点。

- 存储方式的区别：图形存储的是画图的函数；图像存储的则是像素的位置信息和颜色信息以及灰度信息。

- 缩放的区别：图形在进行缩放时不会失真，可以适应不同的分辨率；图像放大时会失真，可以看到整个图像是由很多像素组合而成的。
- 处理方式的区别：对图形，可以旋转、扭曲、拉伸等；而对图像，可以进行对比度增强、边缘检测等。
- 算法的区别：对图形，可以用几何算法来处理；对图像，可以用滤波、统计的算法。
- 图形不是主观存在的，是我们根据客观事物而主观形成的；图像则是对客观事物的真实描述。

可以说，位图就是以无数的色彩点组成的图案，当无限放大时会看到一块一块的像素色块，效果会失真。因为拉伸后，像素点变成一个个粗糙的块了。位图的文件类型很多，如 *.bmp、*.pcx、*.gif、*.jpg、*.tif、Photoshop 的 *.pcd、Kodak photo CD 的 *.psd、Corel photo paint 的 *.cpt 等。

位图文件大小的规则如下。
- 文件的色彩越丰富，文件的字节数越多。
- 根据颜色信息所需的数据位，分为 1、4、8、16、24 及 32 位等，位数越高颜色越丰富，相应的数据量越大。
- 同样的图形，存盘成以上几种文件时文件的字节数会有一些差别，尤其是 jpg 格式，它的大小只有同样的 bmp 格式的 1/35 ~ 1/20。

4.5.1 位图结构

位图文件由 4 部分组成：位图文件头（bitmap - file header）、位图信息头（bitmap - information header）、彩色表（color table）和定义位图的字节阵列（位图的实际数据）。

1. 位图文件头

位图文件头可以用下面的数据结构来描述：

```
typedef struct tagBITMAPFILEHEADER {
WORD bfType;
DWORD bfSize;
WORD bfReserved1;
WORD bfReserved2;
DWORD bfOffBits;
} BITMAPFILEHEADER, * PBITMAPFILEHEADER;
```

其中，各成员的说明如下。
- bfType：文件类型，该值必须是 0x4D42，即字符串 "BM"。
- bfSize：说明文件的大小，以字节为单位。
- bfReserved1：保留，必须设置为 1。
- bfReserved2：保留，必须设置为 1。
- bfOffBits：位图的数据信息离文件头的偏移量，以字节为单位。

2. 位图信息头

位图信息头可以用下面的数据结构来描述：

```
typedef struct tagBITMAPINFOHEADER{
DWORD biSize;
LONG biWidth;
LONG biHeight;
WORD biPlanes;
WORD biBitCount;
DWORD biCompression;
DWORD biSizeImage;
LONG biXPelsPerMeter;
LONG biYPelsPerMeter;
DWORD biClrUsed;
DWORD biClrImportant;
} BITMAPINFOHEADER, * PBITMAPINFOHEADER;
```

其中，各成员的说明如下。

- biSize：表示结构的大小。
- biWidth：位图的宽度。
- biHeight：位图的高度。
- biPlanes：为目标设备说明位面数，永远为1。
- biBitCount：位图的位数分为1，4，8，16，24，32。
- biCompression：图像的压缩格式。
- biSizeImage：表示位图数据区域的大小，以字节为单位。
- biXPelsPerMeter：水平方向上的每米的像素个数。
- biYPelsPerMeter：垂直方向上的每米的像素个数。
- biClrUsed：调色板中实际使用的颜色数。
- biClrImportant：实现位图时必须使用的颜色数。

3. 彩色表

彩色表用下面的数据结构表示：

```
typedef struct tagRGBQUAD{
BYTE    rgbBlue;
BYTE    rgbGreen;
BYTE    rgbRed
BYTE    rgbReserved;
}
```

其中，各成员的说明如下。

- rgbBlue：指定蓝色强度。
- rgbGreen：指定绿色强度。
- rgbRed：指定红色强度。
- rgbReserved：保留，设置为0。

4. 位图数据

紧跟在彩色表之后的是图像数据字节阵列。图像的每行由表示图像像素的连续字节组成，每一行的字节数取决于图像的颜色数目和用像素表示的图像宽度。扫描行是由底向上存储的，这就是说，阵列中的第一个字节表示位图左下角的像素，而最后一个字节表示位图右上角的像素。如果是正向 DIB，则扫描行是由顶向下存储的。

4.5.2 位图类

CBitmap 是 MFC 中的一个位图类，提供了一些对位图进行操作的函数，可以实现把位图导入程序、在特定的位置显示图形，还可以对图形进行缩放旋转等。表 4-8 列出了 CBitmap 类封装的主要函数。

表 4-8　CBitmap 类封装的主要函数

函　数　名	功　　　能
LoadBitmap	从应用程序的资源中装入位图资源，并将其与 CBitmap 对象连接
CreateBitmap	用指定了宽、高和位模式的内存位图来创建位图，并将其与 CBitmap 对象连接
CreatCompatibleBitmap	创建与指定设备兼容的位图，并将其与 CBitmap 对象连接
GetBitmap	从位图中获取信息，并填充 Bitmap 结构
SetBitmapBits	用指定的图像位来设置位图的位值

从外部导入图片，到显示在视图中需要如下 5 个步骤。

1）导入位图：把位图文件作为资源导入到应用程序中（本例将其 ID 设置为 IDB_BIT-MAP1）。

2）采用 LoadBitmap（IDB_BITMAP1）函数装载位图，把位图资源装载到 CBitmap 对象。类 CBitmap 封装了 Windows 图形设备接口（GDI）中的位图，并且提供了操纵位图的成员函数：

```
CBitmap bt;
bt. LoadBitmap(IDB_BITMAP1);          //加载位图资源
```

3）读取位图信息，代码如下：

```
BITMAP bm;
bt. GetBitmap(&bm);                    //从位图中获取信息,并填充 Bitmap 结构
int w = bm. bmWidth;                   //获得位图的宽
int h = bm. bmHeight;                  //获得位图的高
```

4）构造一个与指定设备兼容的内存设备环境（缓冲区或暂存区），并将位图装入该设备环境。MFC 中 Load Bitmap 是不能直接用 CDC 类的，必须创建一个和 CDC 兼容的内存 CDC。

```
CDC dc;
dc. CreateCompatibleDC(pDC);
dc. SelectObject(&bt);
```

5）将位图从内存设备环境复制到真正的设备环境中。

pDC -> StretchBlt(0,0,w,h,&dc,0,0,w,h,SRCCOPY);

StretchBlt()函数可以复制源设备上下文的内容到目标设备上下文中，而且能够延伸或收缩位图以适应目标区域的大小。函数原型如下。

BOOL StretchBlt(int x,int y,int nWidth,int nHeight,CDC * pSrcDC,int xSrc,int ySrc,int xSrcWidth,int ySrcHeight,DWORD dwRop);

其中，各参数的说明如下。
- x：显示框左上角的 x 坐标。
- y：显示框左上角的 y 坐标。
- nWidth：显示框的宽度。
- nHeight：显示框的高度。
- pSrcDC：内存设备环境。
- xSrc：原图欲显示区域左上角的 x 坐标。
- ySrc：原图欲显示区域左上角的 y 坐标。
- xSrcWidth：欲显示的原图的区域宽度。
- ySrcHeight：欲显示的原图的区域高度。
- dwRop：复制方式，直接复制，不拉伸，不压缩。

4.5.3 【程序示例】位图的显示

学习了前面的知识，现在来做一个程序，以巩固前面的一些基础知识，这里以位图的显示为例。

1. 使用向导建立 MFC 应用程序框架

1）创建一个基于 MFC 的单文档应用程序。

2）编译运行窗口。

编译、链接后，程序运行结果如图 4-21 所示。

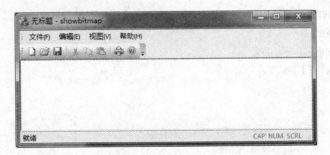

图 4-21　showbitmap 应用程序运行结果

2. 导入图片

（1）添加资源

在"资源视图"选项卡中右击 showbitmap.rc，在弹出的快捷菜单中选择"添加资源"命令，在弹出的对话框中选择"Bitmap"选项，将"玫瑰.bmp"位图添加到资源中。

（2）设置位图 ID 号

导入的位图默认的 ID 号为 IDB_BITMAP1，如图 4-22 所示。

图 4-22　资源视图

3. 显示位图

1）显示图片

在文件 showbitmapView.cpp 的 void CshowbitmapView∷OnDraw（CDC * pDC）函数中添加如下代码。

```
void CshowbitmapView∷OnDraw( CDC * pDC)
{
    CshowbitmapDoc * pDoc = GetDocument( );
    ASSERT_VALID( pDoc);
    if( !pDoc)
        return;
    CBitmap bt;
    bt. LoadBitmap( IDB_BITMAP1);
    BITMAP bm;
    bt. GetBitmap( &bm);
    int w = bm. bmWidth;
    int h = bm. bmHeight;
    CDC dc;
    dc. CreateCompatibleDC( pDC);
    dc. SelectObject( &bt);
    pDC -> StretchBlt( 80,10,w,h,&dc,0,0,w,h,SRCCOPY);
}
```

2）编译运行窗口

编译、链接后，程序运行结果如图 4-23 所示。

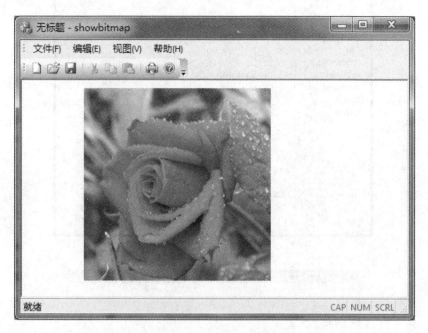

图 4-23　showbitmap 程序显示位图

4.6　对话框

在 Windows 操作系统中，对话框是随处可见的。例如，使用一个通信软件时，会在执行前弹出一个对话框，要求用户输入用户名和密码。可以看出对话框在 Windows 操作系统中占据很重要的位置。对话框是人机交互的一种方式，用户在对话框中进行设置，计算机就会执行相应的命令。

对话框是一个弹出式窗口，可以独立使用，也可以在应用程序中用于输入或交互。如果独立使用，就可以利用 MFC 提供的向导来生成一个基于对话框的应用程序。如果是应用程序的一部分，则是作为资源存在的。对话框中可以包含众多的控件，如按钮、文本框、滚动条、列表框等。

对话框又分为模态对话框和非模态对话框。模态对话框不允许用户在关闭对话框之前切换到应用程序的其他窗口；非模态对话框允许用户在对话框与应用程序其他窗口之间的切换。

创建基于对话框的应用程序，只要在"MFC 应用向导程序"对话框的"应用程序类型"选项组中选择"基于对话框"单选按钮，然后选择"项目类型"选项组中的"MFC 标准"单选按钮，如图 4-24 所示。编译运行，就会得到如图 4-25 所示的对话框。

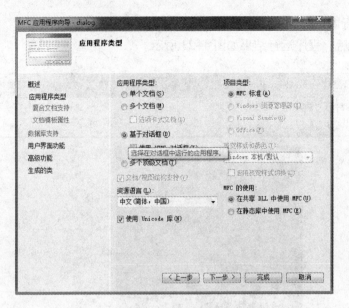

图 4-24　MFC 应用向导

图 4-25　对话框应用程序

4.7　控件

在 Windows 应用程序中有大家经常能使用到一些熟悉的控件，例如在一个人员管理的软件中，可以在文本框中输入要查询人员的名字，单击按钮进行查询、添加、删除的工作。列表框中可以选定人员的性别。熟练地使用常用 MFC 控件是 Windows 程序编写的关键。

4.7.1　按钮

按钮控件是 Windows 对话框中最常用的控件。按钮的类型比较丰富，其中主要有普通按钮、单选按钮和复选框等。

- 普通按钮：帮助用户触发指定动作，当用户单击按钮时，应用程序立即执行相应动作。
- 单选按钮：单选按钮的外形为按钮文本和其左侧的小圆框，当选中后，原框将加点显示。

● 复选框：其外形为按钮文本和左侧的小方框，被选中后，该方框将加对号显示。

1. 普通按钮使用方法与步骤

1）将按钮拖至对话框，可以拖多个。

2）设置按钮 ID 和标题（名字），方法是右击按钮，从弹出的快捷菜单中选择"属性"命令。

3）给按钮添加处理函数，方法是双击按钮，将会进入代码编辑区，在处理函数中添加自己的代码。

例如，我们可以在按钮消息函数中显示一个消息框：

```
void CButtonDlg::OnButton1()
{
    MessageBox(_T("hehe"),MB_OK);
}
```

其中，MessageBox 函数显示一个对话框，其原型为 int MessageBox(LPCTSTR lpszText, LPCTSTR lpszCaption = NULL, UINT nType = MB_OK)；参数说明如下。

● lpszText：显示文字。

● lpszCaption：消息框标题。

● nType：消息对话框的按钮类型，它可以为 MB_OK、MB_OKCANCEL、MB_YESNO、MB_YESNOCANCEL、MB_CANCELTRYCONTINUE、MB_HELP。

运行程序，单击"打开"按钮，将弹出一个对话框，如图 4-26 所示。

图 4-26　普通按钮实例

2. 单选按钮

很多时候，有多个选项但是我们只能选择其中一个。例如，如果在对话框中选了性别是女性后就应当自动排斥掉男性选项。单选按钮都是成组使用的，我们在第一个单选按钮的属性中选中 Group 选项，而其他按钮则不选中 Group 选项，这样就构成了一组。

创建一个对话框应用程序，如图 4-27 所示，在对话框上拖入 3 个单选按钮，标题是 3 个城市名，希望在选中某个城市后单击"确定"按钮，城市名字在一个消息框中显示出来。

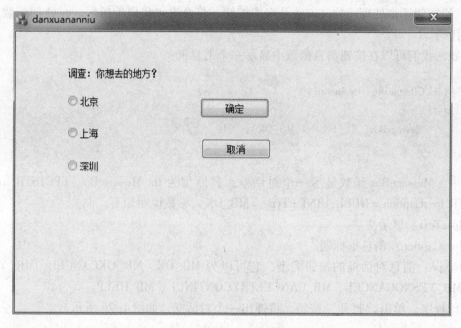

图 4-27　单选按钮实例

如何判断一组单选按钮中哪个按钮被选中了？单选按钮成组使用，不像普通按钮那样直接触发事件，若选中某一个单选按钮，判断哪一个按钮被选中，可以给单选按钮映射一个变量，如图 4-28 所示，这样，在一组单选按钮中切换，该变量也随之变化，从而可以反过来找到该按钮。

给控件 IDC_RADIO1 映射变量 m_Destination 后，可以在对话框 dananniuDlg. cpp 文件的 DoDataExchange 函数中看到由 MFC 自动添加了一行代码：

```
void CdananniuDlg::DoDataExchange(CDataExchange * pDX)
{
    CDialogEx::DoDataExchange(pDX);
    DDX_Control(pDX,IDC_RADIO1,m_Destination);
}
```

为"确定"按钮添加处理代码。双击"确定"按钮，添加处理函数 OnOk( )，并添加处理代码：

```
void CButtonDlg::OnOK()
{
CString str;
GetDlgItem(IDC_RADIO1 + m_Destination) -> GetWindowText(str);
MessageBox(str);
CDialog::OnOK();
}
```

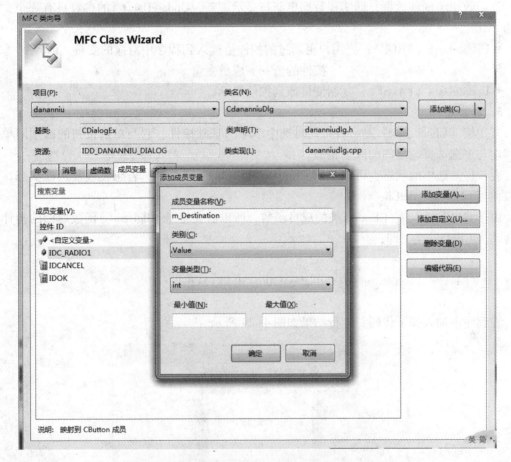

图 4-28 单选按钮添加成员变量

编译运行, 就可以得到想要的结果。

其中, virtual CWnd * GetDlgItem (int nID) const; GetDlgItem()函数用于获取对话框上给定 ID 的控件的指针; GetDlgItem()函数是 CWnd 类的成员函数, 因为 CDialog 类是由 CWnd 继承来的, 所以对话框可以调用 CWnd 的成员函数。有了指向控件的指针, 就可以灵活地操作控件了, 例如:

```
GetDlgItem(IDC_RADIO1) -> GetWindowText(str);
GetDlgItem(IDC_RADIO1) -> SetWindowText(str);
```

```
GetDlgItem(IDC_RADIO1) - >ShowWindow(SW_HIDE);
GetDlgItem(IDC_RADIO1) - >EnableWindow(TRUE);
```

在控件的使用过程中，常常需要用到 UpdateData() 函数，其原型为：

```
BOOL UpdateData(BOOL bSaveAndValidate = TRUE);
```

该函数用于刷新数据，即实现数据更新与显示更新，UpdateData() 的参数只有一个，默认为 TRUE。
- UpdateData（TRUE）：把用户更新过的控件值读入到程序中对应的变量。即

$$控件的值 - >成员变量$$

- UpdateData（FALSE）：复制变量值到控件显示。

3. 复选框

复选框（Check Box）是一种可同时选中多项的基础控件。它与单选按钮的区别同单选选择题与多选选择题之间的区别相似。

要获得复选框的状态，可以使用 CButton::GetCheck() 函数；若想设置复选框状态，则可以使用 CButton::SetCheck()。

由于 GetCheck() 是 CButton 类的成员函数，所以需要将 GetDlgItem() 函数返回的指针强制转化为 CButton 类，即：

```
CButton * p1 = (CButton * )(GetDlgItem(IDC_CHECK1));
```

在程序中加入如下代码，运行结果如图 4-29 所示。

图 4-29　复选框实例

```
void CfuxuankuangDlg::OnBnClickedOk()
{
    CString str;
    CButton * p1 = (CButton * )(GetDlgItem(IDC_CHECK1));
```

```
            CButton * p2 = ( CButton * ) ( GetDlgItem( IDC_CHECK2 ) ) ;
            CButton * p3 = ( CButton * ) ( GetDlgItem( IDC_CHECK3 ) ) ;
            CButton * p4 = ( CButton * ) ( GetDlgItem( IDC_CHECK4 ) ) ;
            if( p1 -> GetCheck( ) && !p2 -> GetCheck( ) && p3 -> GetCheck( ) && !p4-> GetCheck( ) )
            str = "你答对了!" ;
            else
            str = "Sorry,你答错了!" ;
            MessageBox( str ) ;
            CDialog::OnOK( ) ;
        }
```

4.7.2 静态控件

静态控件用来显示一个字符、边框、图标、位图等,一般不接收用户的输入,也不产生任何事件。

在前面的程序中,已经演示了用静态控件来显示字符串;本节用一个例子来演示用静态控件显示一个整型变量,并且每单击一下按钮,变量就会增加1。

1) 在对话框中声明一个整型变量 number,并给其赋初值0。

2) 给"button1"添加消息处理,代码如下。

```
void CstaticbuttonDlg::OnBnClickedButton1( )
{

    number ++ ;
    CString str;
    str. Format( _T( "% d" ) , number ) ;
    GetDlgItem( IDC_STATIC ) -> SetWindowText( str ) ;

}
```

3) 编译运行,结果如图4-30所示。

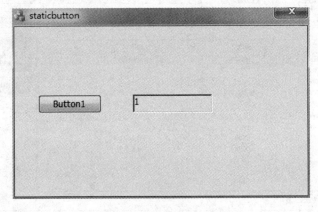

图4-30　静态控件实例

4.7.3 编辑框

编辑框是功能非常强大的控件，与静态控件相比，它不仅可以显示文本，还可以用于接收输入文本，并具有一定的编辑功能。例如，可以用鼠标或键盘选中框中文字的一部分或全部，裁剪或复制后粘贴到另一个编辑框中。

1）界面设计如图4-31所示。

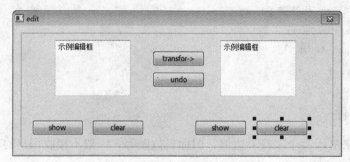

图4-31　编辑框界面设计

2）编辑框可以被拖动到很大，使得它可以显示多行文本，但是这样还不够，要使之能显示多行文本，还需设置其属性：把"Multiline"和"Want return"选中。

3）给编辑框映射变量，在"MFC类向导"中分别给IDC_EDIT1和IDC_EDIT2设置变量m_Edit1和m_Edit2。注意，变量类别要设置为"Control"，"变量类型"为"CEdit"，如图4-32所示。

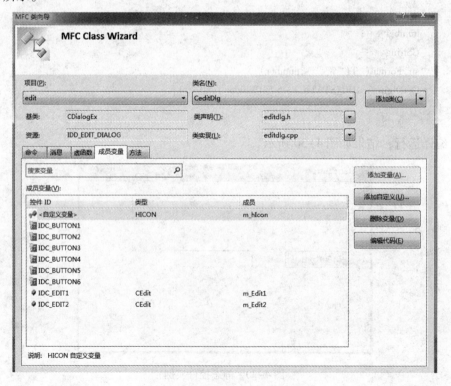

图4-32　"MFC类向导"对话框

4）给各个按钮添加代码如下。

```cpp
void CeditDlg::OnBnClickedButton1()
{
    m_Edit1.SetSel(0,-1);
    m_Edit1.Copy();
    m_Edit2.SetSel(0,-1);
    m_Edit2.Paste();
}
void CeditDlg::OnBnClickedButton2()
{
    m_Edit2.Undo();
}
void CeditDlg::OnBnClickedButton3()
{
    m_Edit1.SetSel(0,-1);
    m_Edit1.ReplaceSel(_T("Left EditBox!"));
}
void CeditDlg::OnBnClickedButton4()
{
    m_Edit1.SetSel(0,-1);
    m_Edit1.ReplaceSel(_T(""));
}
void CeditDlg::OnBnClickedButton5()
{
    m_Edit2.SetSel(0,-1);
    m_Edit2.ReplaceSel(_T("Right EditBox!"));
}
void CeditDlg::OnBnClickedButton6()
{
    m_Edit2.SetSel(0,-1);
    m_Edit2.ReplaceSel(_T(""));
}
```

5）编译运行，单击"show"按钮，结果如图4-33所示。

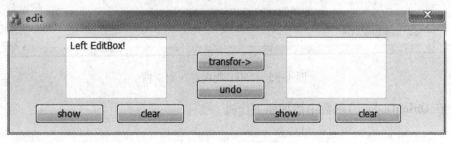

图4-33　编辑框实例

4.7.4 列表框

列表框用于集中显示同种类型的内容，列表框显示项的列表，例如，显示分数在 80 分以上的学生，设计过程如下。

1）界面设计如图 4-34 所示。

图 4-34 列表框界面设计

2）给列表框映射变量，在"MFC 类向导"中给 IDC_LIST1 设置变量 m_List。注意，"类别"要设置为"Control"，"变量类型"为"CListBox"，如图 4-35 所示。

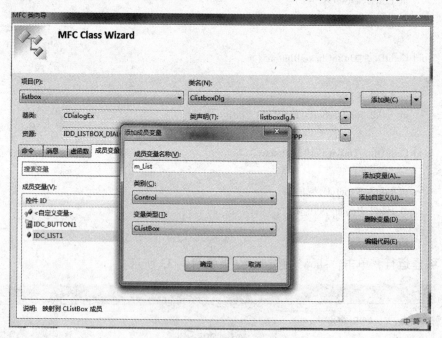

图 4-35 "MFC 类向导"对话框

3）在 OnInitDialog( )函数中添加如下代码。

```
m_List. AddString(_T("Jack"));
m_List. AddString(_T("Mary"));
m_List. AddString(_T("Rose"));
m_List. AddString(_T("Bush"));
```

4）给"删除"按钮添加如下代码。

```
void ClistboxDlg::OnBnClickedButton1()
{
    m_List. DeleteString(m_List. GetCurSel());
}
```

可以通过鼠标在列表框中选择一个元素，然后删除它。使用 DeleteString()函数来实现，其原型为 int DeleteString（UINT nIndex）；其中 nIndex 表示该元素在列表框中的序号，序号是从 0 开始。同时，函数 GetCurSel()返回列表框中当前被鼠标选中元素的序号。

5）编译运行，结果如图 4-36 所示。

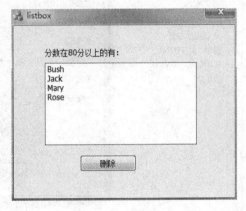

图 4-36　列表框实例

4.7.5　进度条

许多程序需要用户在一个范围内选值，给用户提供关于当前范围设置的反馈信息；或对于一个费时的任务，显示其当前进度；或 HIFI 系统的均衡器，这就需要用到进度条。下面给出一个进度条的使用实例。

1）界面设计如图 4-37 所示。

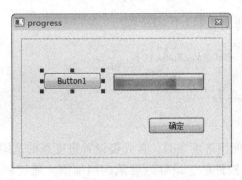

图 4-37　进度条界面设计

2）给进度条映射变量，在"MFC 类向导"中给 IDC_PROGRESS1 设置变量 m_Progress。注意，变量"类别"要设置为"Control"，"变量类型"为"CProgressCtrl"，如图 4-38 所示。

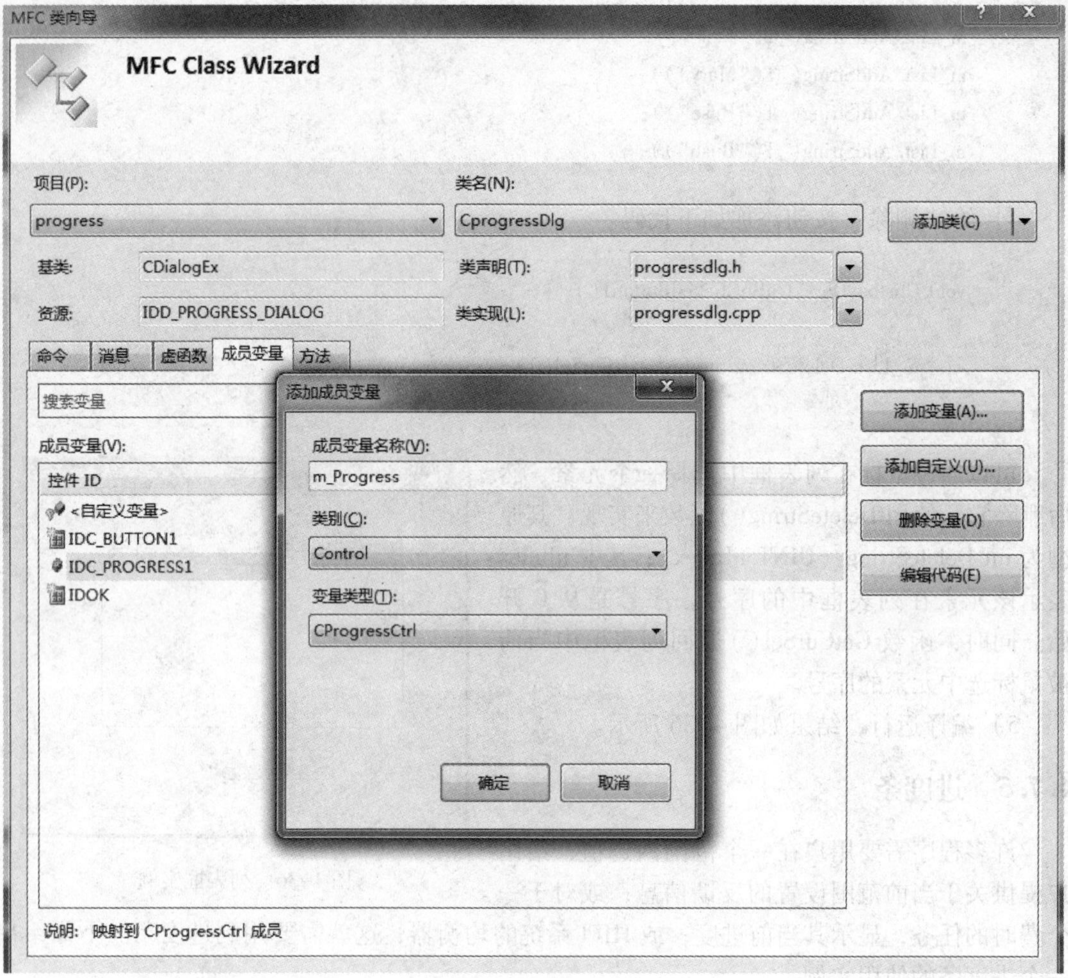

图 4-38 "MFC 类向导"对话框

3）给"button1"按钮添加如下代码。

```
void CprogressDlg::OnBnClickedButton1()
{
    m_Progress.StepIt();
}
```

设置进度条的范围，使用进度条时，首先要设置进度条的范围。我们一般是在对话框的 OnInitDialog 函数中初始化控件的。设置进度条的当前值，通过调用进度条的成员函数 Set-Pos()可以更新控件的当前显示，一般在设置范围后就立即设置其初始值。设置步长，即每次进度条变化的值，可以用 SetStep()设置：

```
m_Progress.SetRange(0,100);
m_Progress.SetPos(0);
m_Progress.SetStep(10);
```

4) 编译运行, 结果如图 4-39 所示。

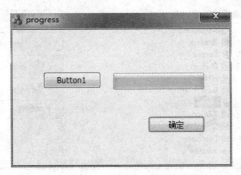

图 4-39　进度条实例

4.8　菜单

菜单是用户界面的组成部分。在 MFC 中, CMenu 类封装了 Windows 的菜单功能, 它提供了多种方法用于创建、修改、合并菜单。菜单为用户与 Windows 应用程序间的交互提供了主要的方法, 使得用户可以快速驾驭高层 (继承而来) 的用户界面结构。

4.8.1　菜单的基本知识

所谓菜单, 实际上是一些命令的列表, 这些命令以菜单项的方式显示在菜单中。当用户用鼠标选中一个菜单项时, 相当于向窗口发送了此菜单项对应的命令。

菜单是最常用的命令输入方式, 在 Windows 中, 几乎所有的命令操作都与菜单有关。菜单按照一定的层次进行组织, 包括菜单项和级联菜单。比如在 Microsoft Word 中, 有 "文件" "编辑" "视图" 等菜单, "文件" 菜单的下拉菜单中包含 "新建" "打开" "保存" 等对文件进行操作的菜单项命令, 其中 "权限" 菜单项有一个级联菜单。

最常用的菜单是下拉菜单和级联菜单, 这两种菜单也是最早被标准化的, 也是在 Windows 中最先使用的。第三种风格的菜单是弹出式菜单, 也称为上下文菜单。这种菜单一般是右击弹出的, 它总是显示在应用程序区域的中间。之所以称为上下文菜单, 是因为当鼠标在应用程序区域的不同部分或选中不同对象时, 所弹出的菜单会有所差别。

在菜单中, 一般需要提供助记符和快捷键来代替大量的键盘操作, 如常用的文字处理软件。这样用户就不需要经常使用鼠标来进行菜单操作。

4.8.2　菜单的创建

在 Visual C ++ 中, 用户可以通过工作区方便地设计菜单资源。下面介绍如何设计菜单资源。

1) 在工作区的 "资源视图" 选项卡中右击某个节点, 在弹出的快捷菜单中选择 "添加资源" 命令, 将打开 "添加资源" 对话框, 如图 4-40 所示。

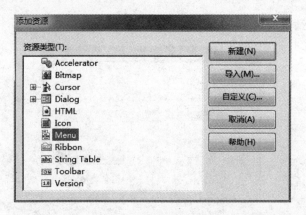

图 4-40 "添加资源"对话框

2）在"资源类型"列表框中选择"Menu"选项，单击"新建"按钮，将创建一个菜单，如图 4-41 所示。

图 4-41 菜单设计窗口 1

3）在菜单设计窗口中输入"文件"两字，结果如图 4-42 所示。

图 4-42 菜单设计窗口 2

4）如果用户需要设计子菜单，可以选中下方的虚边框，直接输入"新建"，在属性窗口中设置菜单 ID，如图 4-43 所示。

5）按〈Enter〉键保存设置，结果如图 4-44 所示。

图 4-43 菜单项属性窗口   图 4-44 菜单设计窗口 3

6）如果想要设计一个级联菜单，可以在"新建"右边的虚线框中直接输入"项目"，这样在"新建"的右侧将显示一个箭头，效果如图 4-45 所示。

在设计菜单项信息时，可以为菜单项设置快捷键来方便用户操作。在菜单标题标题后面加"& + 字母"即可以实现快捷键的设置，程序运行时，用户按下〈Alt〉键加上该字母键，便可激活并操作该菜单。例如，将菜单标题设置为"项目&A"，程序运行时只需按〈Alt + A〉组合键，便可实现与单击"项目"菜单相同的功能，效果如图 4-46 所示。

图 4-45 设计级联菜单   图 4-46 设计快捷菜单

如果不需要设置快捷键，只是在菜单标题中输入"&"符号，则需要连续输入两个"&"符号。

4.8.3 菜单的命令处理

如果一个菜单项不是顶层菜单或弹出式菜单，则菜单项有一个菜单 ID，即使用户不设置菜单 ID，系统也会为其指定一个唯一的菜单 ID。通过菜单 ID，用户可以处理菜单项的命令消息。

在工作区的"类视图"选项卡中右击空白处，在弹出的快捷菜单中选择"类向导"命令，弹出"MFC 类向导"对话框，如图 4-47 所示。

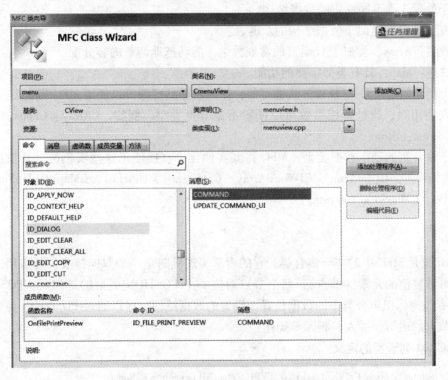

图 4-47 "MFC 类向导"对话框

在对象 ID(B)列表中选择菜单项 ID，在消息（S）中双击 COMMAND，将弹出"添加成员函数"对话框，如图 4-48 所示。

单击"确定"按钮，回到"MFC 类向导"对话框中，单击"编辑代码"按钮，编写命令消息代码，代码编辑器中将显示消息处理函数，如图4-49所示。运行程序时，选择菜单项，将执行其命令处理函数。

图4-48 "添加成员函数"对话框

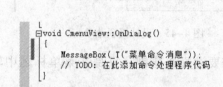

图4-49 代码编辑器

4.9 集合类

MFC提供集合类（Collect）专门负责数据对象的存储和管理，MFC的集合类分为3类，分别用于处理3类不同性质的数据结构。

- 表（List）：类似于数据结构的双链表。
- 数组：Array，类似于C语言的常规数组，能动态地调整内容分配。
- 映射：Map，具有类似字典的功能。

以上类库都是以C++模板方式编写的，任何数据类型都可以使用MFC集合类进行管理，开发者在使用时，通过模板参数可以任意指定节点类型，例如，CArray < CPoint,CPoint > 、CList < CString,CString > 。

对于最常用的基本数据类型，MFC将其实例化，直接使用这些实例类，开发过程更方便快捷，例如，CUIntArray、CDWordArray、CStringList、CPtrList、CMapWordToPtr、CMapStringToPtr、CMapStringToString。

4.9.1 表

CList也是MFC中的一个集合类，它的内部实现机制是一个双向链表。可以用来存储有序的、可重复值的元素（节点）。每个节点对应一个POSTION类型的迭代器，POSITION是MFC为专门为标识集合类中的数据位置而设置的数据结构。可以通过POSITION类型的迭代器进行节点的遍历、插入、删除等操作。

1. CList列表类的定义

```
template < class TYPE,class ARG_TYPE > class CList:public CObject
```

- 参数TYPE指明列表中存储的数据类型。
- 参数ARG_TYPE指明引用列表元素时使用的数据类型。可以使用类型为POSITION的变量作为访问列表元素的关键字，可以通过该变量遍历列表项。

利用CList声明一个链表：

```
CList < int, int > myIntList;
CList < CString, CString& > myStringList;
CList < MYTYPE, MYTYPE& > myTypeList;
```

其中，MYTYPE 可以是结构体，也可以是 MFC 中的类或任何自定义类。

2. 有关属性和状态的函数

1）int GetCount( ) const;

返回列表中节点总数。

2）BOOL IsEmpty( ) const;

判断列表是否为空，即不包含任何元素。如果为空，则返回 TRUE；否则，返回 FALSE。

3. 获得表头和表尾函数

1）TYPE GetHead( ) const;或 TYPE& GetHead( );

获得表头，当定义的列表为 const 类型时，返回值为列表表头元素的拷贝，不可通过返回值间接修改对应的列表项。当定义的列表不是 const 类型时，返回值为列表头元素的引用，可通过修改返回值间接修改列表元素的值。

2）TYPE& GetTail( );或 TYPE GetTail( ) const;

获得表尾 GetTail 函数与 GetHead 函数类似，用来返回表尾元素的引用或拷贝。

4. 遍历列表元素

1）POSITION GetHeadPosition( ) const;

获得列表表头元素的位置。

2）TYPE& GetNext(POSITION& rPosition);或 TYPE GetNext(POSITION& rPosition) const;

取得下一个节点的位置，并返回改变前的节点数值。

3）POSITION GetTailPosition( ) const;

获得列表表尾元素的位置。

4）TYPE& GetPrev(POSITION& rPosition);或 TYPE GetPrev(POSITION& rPosition) const;

取得上一个节点的位置，并返回改变前的节点数值。

5. 访问和操作列表元素

1）TYPE& GetAt(POSITION position);或 TYPE GetAt(POSITION position) const;

函数返回由参数 position 指定位置元素的拷贝或引用，可以通过返回的引用间接修改列表元素的值。

2）void SetAt(POSITION pos, ARG_TYPE newElement);

函数设置指定位置处（由参数 pos 表明）的列表元素的值，所要设置的值由 newElement 参数指定。

6. 增加删除元素操作

1）POSITION AddHead(ARG_TYPE newElement);或 void AddHead(CList * pNewList);

在头部添加一个新的节点。

2）POSITION AddTail(ARG_TYPE newElement);或 void AddTail(CList * pNewList);

在尾部添加一个新的节点。

3）TYPE RemoveHead( );

从列表的头部删除元素。

4）TYPE RemoveTail( );

从列表的尾部删除元素。

5）void RemoveAt(POSITION position);

删除指定位置的一个节点。

6）void RemoveAll( );

清空链表中所有接点并使 Count 归零。

7）POSITION InsertBefore(POSITION position，ARG_TYPE newElement);

在指定位置前添加一个节点。

8）POSITION InsertAfter(POSITION position，ARG_TYPE newElement);

在指定位置后添加一个节点。

7. 查询操作

1）POSITION Find(ARG_TYPE searchValue，POSITIONstartAfter = NULL) const；

内部遍历查找指定数值，返回节点所在的位置。

2）POSITION FindIndex(int nIndex) const；

内部循环找到指定索引的节点位置。

8. CList 的算法特点

List 采用链表方式存储数据，因而当链表数据有所变动时，只做了一下指向变动，所以即使数据元素非常多，单个数据元素也很大，执行 Insert/Add/Remove 的速度都很快，但是因为没有统一的 Index，因而如果要找到某个元素，只有遍历整个链表。整体上说，List 的使用比较烦琐，特别为小尺寸数据设计 List 更是得不偿失的，这也是为什么有 CWordArray 而没有 CWordList 的原因，因而在大多数情况下应该优先考虑是否可以使用 Array 来存储数据。

4.9.2 数组

MFC 的数组类支持的数组类似于 C 语言的常规数组，可以存放任何数据类型。C++的常规数组在使用前必须将其定义成能够容纳所有可能需要的元素，而 MFC 数组类创建的对象可以根据需要动态地增大或减小。数组的起始下标是 0，而上限可以是固定的，也可以随着元素的增加而增加，数组在内存中的地址仍然是连续分配的。

1. CArray 的定义

```
template < class TYPE,class ARG_TYPE > class CArray:public CObject
```

● TYPE：指明数组中存储的数据类型。

● ARG_TYPE：指明引用数组元素时使用的数据类型，通常为 TYPE 类型的引用。

CArray 类类似于 C 中的数组，但能动态地调整内存分配，数组元素的索引从 0 开始。下面的语句定义了一个 CArray 类对象：

```
CArray < CPoint,CPoint > m_ptArray;
```

其中存储数据的类型（即 TYPE）为 CPoint 类型，引用数组元素的数据类型（即 ARG_TYPE）也为 CPoint 类型。

2. 有关属性的函数

1）int GetSize( ) const;

用于返回数组中元素的个数。

2）void SetSize(int nNewSize, int nGrowBy = -1);

设置空的或现存数组的大小，具体大小由参数 nNewSize 决定，nNewSize 必须大于等于 0，在必要时，会重新分配内存。

3）int GetUpperBound( ) const;

用于返回当前数组对象可访问元素的索引上限，返回值比 GetSize 的返回值要小 1，当返回值为 -1 时，表示数组中没有元素。

3. 访问数组元素

1）TYPE GetAt(int nIndex) const;

返回指定索引位置的数组元素值，具体位置由 nIndex 指定，它是以 0 为基础的，最大取值不得超过 GetUpperBound 的返回值。TYPE 是数组元素的数据类型。以下函数的叙述中，TYPE 含义相同。

2）void SetAt(int nIndex, ARG_TYPE newElement);

函数设置指定元素的值，索引位置由参数 nIndex 指定，新的元素值由 newElement 参数指定。ARG_TYPE 为引用数组元素时的数据类型。以下函数中，ARG_TYPE 含义相同。

3）TYPE& ElementAt(int nIndex);

返回由 nIndex 指定的数组元素引用，用来间接修改数组元素的值。

4）操作符[ ]类似 C 中的语法，可以替代 SetAt、GetAt 函数，提供简洁的数组访问方式。

5）TYPE * GetData( );

返回指向数组元素的指针，通过指针可以快速访问数组中的元素。对所返回指针的操作将直接影响数组元素的值。

4. 增加、删除元素的有关操作

1）int Add(ARG_TYPE newElement);

向数组尾部增加一个新的数组元素，元素值为 newElement，数组的大小将加 1，返回值为插入的当前元素在数组中的索引位置。

2）int Append(const CArray& src);

将源数组 src 中的所有元素复制到当前数组的最后，两个数组的类型必须一致，函数会分配必要的内存以容纳新增的数组元素。返回值为第一个插入的数组元素的索引位置。

3）void Copy(const CArray& src);

将源数组 src 中的所有元素复制到当前数组中，并覆盖原有的数组元素，函数不会释放原有的内存，如果有必要，会分配额外的内存，以容纳新增的数组元素。

4）void InsertAt(int nIndex, ARG_TYPE newElement, intnCount = 1); 与 void InsertAt(int nStartIndex, CArray * pNewArray);

第一个函数将在数组的指定位置插入一个数组元素或该元素值的多个复制，元素值由参数 newElement 指定，复制的份数由参数 nCount 指定。

第二个函数在数组的指定位置插入另一个数组中的元素，两个数组的类型必须一致。

5）void RemoveAt(int nIndex, int nCount = 1)；

删除数组中从指定位置开始的一个或多个元素，nIndex 表明了起始位置，该值必须介于 0 至 GetUpperBound 函数返回值之间，删除后，余下的元素下移。此外，调用函数欲删除超过指定位置后余下的元素个数，将产生运行错误。

6）void RemoveAll( )；

删除数组中的所有元素。

5. CArray 的算法特点

Array 采用队列方式存储数据，其内部数据元素是以物理方式顺序排列的。

- 检索、顺序执行 GetAt( ) 等函数的速度相当快。
- 每次队列长度变化后，都要重新申请内存、拷贝内存、释放内存。
- InsertAt/Add/RemoveAt( ) 的速度都很慢。
- 在大量使用添加数据前，使用 SetSize 预先设置空间可以提高效率。
- 频繁使用 InsertAt/SetAt/RemoveAt 等，应该考虑使用 CList 来代替。

4.9.3 映射

映射表类（CMap）也是 MFC 集合类中的一个模板类，也称为"字典"，类似只有两列的表格，一列是关键字，一列是数据项，它们是一一对应的。关键字是唯一的，给出一个关键字，映射表类会很快找到对应的数据项。映射表的查找是以哈希表的方式进行的，因此在映射表中查找数值项的速度很快。例如：公司的所有职员都有一个工号和自己的姓名，工号就是姓名的关键字。给出一个工号，就可以很快地找到相应的姓名。映射类最适用于需要根据关键字进行快速检索的场合。

为什么使用 CMap？如果要存储的每个数据至少有一个唯一的标志（如数字、字符、字符串、类的对象……），并且这些数据会频繁地被查找和替换。那么就需要使用 CMap 类来简化代码，提高效率。CMap 就是对 Hash 表的一种实现。对于 Hash 表来说，需要提供成对的 Key 与 Value 进行操作，其实，也就是将日常使用的数组下标替换成 Key，这样就可以方便地使用 Key 来查找到相应的 Value，提高遍历的速度。至于 MFC 是采用了什么样的散列函数，用户不必知道。

CMap 类是以字典模式组织的集合类，它采用键（Key）和键值（Value）的配对来存储集合数据。键在集合中是唯一的，可以使用键来确定 CMap 对象中存储的特定元素。

1. 映象类的定义

template < class KEY, class ARG_KEY, class VALUE, class ARG_VALUE > class CMap：public CObject

- Key：用作 Key 的类型（如整型、浮点型等）。
- ARG_KEY：Key 的值。
- VALUE：用作 VALUE 的类型。
- ARG_VALUE：用作 VALUE 的值。

Cmap 的实例化举例：

```
typedef CMap < int , int , CString , CString > CMapPnt ;          //比如学生名册的列表
typedef CMap < CPoin , CPoin , CTime , CTime > CMapTime ;         //比如不同经纬度的时间
typedef CMap < CMyType , CMyType , CThing , CThing > CMyThing ;   //比如自己的私有物品的
                                                                   列表
```

任何类型都可以用作 Key 或者 Value 的类型。但是正如我们前面所说，Key 是一个唯一的标志，用以加快查询速度。

2. 举例说明 CMap 的查询、遍历、删除等用法

比如一个班级的花名册，学生的学号是唯一的，所以有下面的 CMap 实例。在使用之前先声明：

```
typedef CMap < int , int , CString , CString > CMapStu ;
```

使用时，可以认为 CMapStu 是一个类型。

```
CMapStu m_class1 ; //班级 1
```

1）添加：void SetAt(ARG_KEY key ，ARG_VALUE newValue）；此函数会以 Key 值遍历列表，当查找到 Key 值后使用 newValue 替换以前的 Value 值。如果没有找到 Key 值，则添加此项。

```
m_class1. SetAt(001,"张三") ;
m_class1. SetAt(002,"张 A") ;
m_class1. SetAt(003,"张 B") ;
m_class1. SetAt(004,"张 C") ;
```

2）查找：Lookup(ARG_KEY key ，ARG_VALUE& newValue）。如果找到 Key 值，则 newValue 等于其存储的 Value 值，返回值为非 0。如果未找到，则返回值为 0。

```
int studentId = 1 ;
CString studentName ;
if( m_class1. Lookup( studentId , studentName ) )
{
MessageBox("ID 号: % d,姓名: % s",studentId,
studentName) ;
}
```

3）遍历：CMap 提供了专门用作遍历的类型 CPair，顾名思义，CPair 就是一对。其中包含一个 Key 和对应的 Value。

```
CMapStu::CPair * pCurValue = m_class1. PGetFirstAssoc();
while( pCurVal ! = NULL)
{
CString str;
str. Format(_T("学号: % d,姓名:% s"),pCurValue -> key,pCurValue -> value);
pCurValue = m_class1. PGetNextAssoc();
}
```

4）删除一个元素：RemoveKey(ARG_KEY key)。如果当前 Key 值存在，则返回非 0 值，如果不存在，则返回 0 值。

```
int studentId = 1;
RemoveKey(1);                        //删除学号为 1 的学生信息
删除所有元素:RemoveALL()
CMap < int,int,CPoint,CPoint > myMap;
// Add 10 elements to the map.
for( int i = 0;i  < 10;i ++ )
myMap. SetAt(i,CPoint(i,i));
myMap. RemoveAll();
```

3. CMap 的算法特点

CMap 最大的优势是快速查找，CMap 通过散列算法将 Key 计算一个索引值，基本上就是一个空间换时间的应用。对于重复的 Key，它和大多数的 Hash 表结构一样，采用了一个链表。所以插入或删除，CMap 需要按照找到对应的位置再执行，性能也不如 CList 快。

遍历方法也是用 POSITION 变量，CMap 是一个非线性表，通过关键值进行快速查找。但是 MFC 也提供遍历方法，通过 GetStartPosition 和 GetNextAssoc 等函数实现。

4.10 【程序示例】 手写手绘

通过前面知识的学习，下面以一个实例来巩固前面所学的知识，以手写手绘为例，实现以下功能：

- 当鼠标左键按下后，拖动鼠标可以在视图上画出一系列点来，鼠标抬起则停止。
- 可以利用一个菜单来设置线的颜色和粗细。

1. 使用向导建立 MFC 应用程序框架

创建一个名为 ZongHe 的单文档应用程序。

2. 存储点

鼠标在屏幕上拖动，留下的是一系列的点。需要把曾经到过的点的位置记录下来，否则就会稍纵即逝。用一个链表来存储点，并且把链表放到文档类文件 ZongHeDoc. h 中：

```
public:
CList < CPoint,CPoint > m_PointList;
```

3. 记录并显示点

鼠标滑动，就会触发 OnMouseMove( )消息，在该消息处理函数中往链表中添加点数据。利用 m_IsDown 这个布尔变量，表示鼠标左键是否按下；只有鼠标左键按下后，才记录鼠标经过的点。

```
void CZongHeView::OnMouseMove(UINT nFlags,CPoint point)
{
    // TODO：Add your message handler code here and/or call default
    if(m_IsDown == TRUE)
    {
        CZongHeDoc * pDoc = GetDocument( );
        pDoc -> m_PointList. AddTail(point);
        Invalidate( );
    }
    CView::OnMouseMove(nFlags,point);
}
```

4. 显示链表中的点

在视图类的 OnDraw( )函数中将点显示出来，代码如下。

```
void CZongHeView::OnDraw(CDC * pDC)
{
    CZongHeDoc * pDoc = GetDocument( );
    ASSERT_VALID(pDoc);
    // TODO：add draw code for native data here
    POSITION pos = pDoc -> m_PointList. GetHeadPosition( );

    while(pos! = NULL)
    {
        CPoint p = pDoc -> m_PointList. GetNext(pos);
        CPen pen(PS_SOLID,pDoc -> t,RGB(pDoc -> r,pDoc -> g,pDoc -> b));
        CPen * pOldPen = pDC -> SelectObject(&pen);
        pDC -> Ellipse(p. x - 2,p. y - 2,p. x + 2,p. y + 2);
        pDC -> SelectObject(pOldPen);
    }
}
```

5. 设置点的颜色

新建一个对话框，用户可以指定自己想要的点的颜色值，如图 4-50 所示。

完成对话框后，双击对话框，会弹出一个如图 4-51 所示的对话框，提示是否要为这个新建的对话框资源创建一个新类。

单击"OK"按钮，并给新类取一个名称：CRGBDlg。打开对话框，单击"ClassWizard"

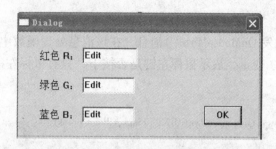

图 4-50　设置点的颜色对话框

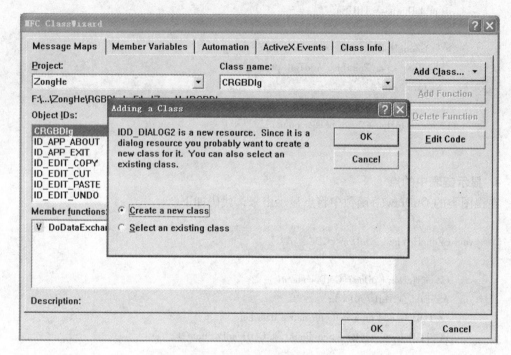

图 4-51　为新对话框创建新类

按钮，给 3 个文本框映射变量，如图 4-52 所示。

给"OK"按钮添加如下代码。

```
void CThicknessDlg::OnOK( )
{
    // TODO：Add extra validation here
    UpdateData( );

    CDialog::OnOK( );
}
```

6. 建立触发对话框的菜单

如图 4-53 所示，建立菜单，并给菜单映射处理函数 OnSetColor( )后，就要添加具体代码。

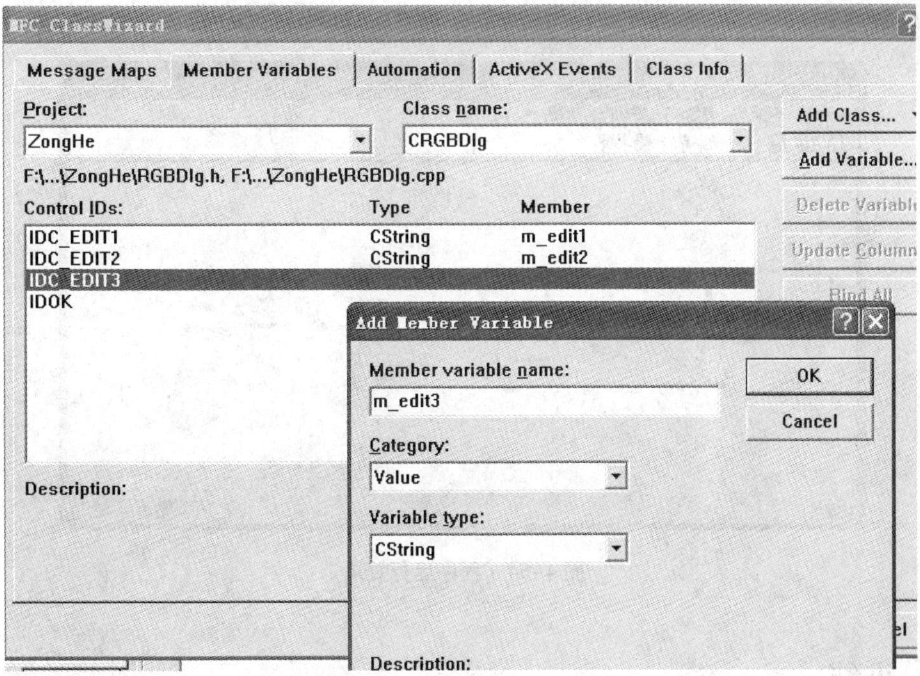

图 4-52　给编辑框映射变量

图 4-53　建立"设置"菜单

OnSetColor( )函数完成两个任务：首先弹出对话框，然后用户输入；单击"OK"按钮后，输入值能够赋给文档的成员变量 r，g，b，代码如下。

```
void CZongHeDoc::OnSetColor( )
{
    // TODO：Add your command handler code here
    CRGBDlg dlg;
    if( IDOK == dlg. DoModal( ) )
    {
        r = dlg. m_edit1;
        g = dlg. m_edit2;
        b = dlg. m_edit3;
        UpdateAllViews( NULL);
    }
}
```

7. 编译运行

运行效果如图 4-54 所示，用户可以利用鼠标绘制图形、文字、符号等。也可以通过菜单项更改颜色。

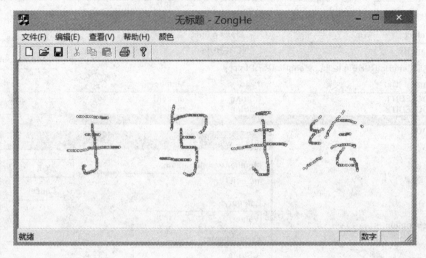

图 4-54　程序运行效果

4.11　小结

本章主要学习了 MFC 的一些基础知识，如 SDI 相关知识、鼠标与键盘事件、GDI 相关知识、位图及其加载、对话框、控件、菜单、集合类等内容。希望读者通过本章的学习，能够对 MFC 的基础知识有所了解，为后面的游戏程序设计打下基础。

4.12　思考题

1. Visual C++ 的项目工作区由哪 3 个面板组成？
2. 简述文档和视图的关系，并举例说明。
3. 什么是 GDI？
4. 简述画笔的使用方法。
5. 简述位图的显示步骤。

第 5 章　动　画　机　制

　　动画的概念不同于一般意义上的动画片，动画是一种综合艺术，它是集合了绘画、漫画、电影、数字媒体、摄影、音乐、文学等众多艺术门类于一身的艺术表现形式。最早发源于 19 世纪上半叶的英国，兴盛于美国，中国动画起源于 20 世纪 20 年代。动画是一门年轻的艺术，它是唯一有确定诞生日期的一门艺术，1892 年 10 月 28 日埃米尔·雷诺首次在巴黎著名的葛莱凡蜡像馆向观众放映光学影戏，标志着动画的正式诞生，埃米尔·雷诺也被誉为"动画之父"。动画艺术经过了 100 多年的发展，已经有了较为完善的理论体系和产业体系，并以其独特的艺术魅力深受人们的喜爱。

5.1　游戏动画

　　广义地说，2D 游戏就是可交互的动画，可见动画在游戏中所占的分量。游戏中展现动画的方式有两种：一种是直接播放影片文件，如 AVI、MPEG 格式，常用于游戏的片头与片尾；另一种则是在游戏进行时利用连续贴图的方式，制造动画的效果。本章主要讲解如何利用连续贴图的方式展示动画效果。

5.1.1　动画机制

　　动画是利用人的"视觉暂留"特性来实现的，即当一连串静态图像在眼睛前顺序播放时，由于每张图像之间的差异很小，播放速度又很快，就会因为视觉暂留而产生影像移动的错觉，从而产生动画感。

　　在游戏中实现的贴图动画，可以分为这样几类，每一类都是基于不同的机制。

1. 变形动画

　　变形指景物的形体变化，它是使一幅图像在 1 ~ 2 秒内逐步变化到另一幅完全不同图像的处理方法。这是一种较复杂的二维图像处理，需要对各像素点的颜色、位置进行变换。变形的起始图像和结束图像分别为两幅关键帧，从起始形状变化到结束形状的关键在于自动生成中间形状，也即自动生成中间帧。

2. 位移动画

　　位移动画是指通过改变物体位置生成的动画。例如，生成日出的效果，可以先把太阳藏在房子后面，然后再把它移到上方，这样通过移动太阳的位置就生成了日出的动画。

3. 遮罩动画

　　遮罩动画是 Flash 中的一个很重要的动画类型，很多效果丰富的动画都是通过遮罩动画来完成的。在 Flash 的图层中有一个遮罩图层类型，为了得到特殊的显示效果，可以在遮罩层上创建一个任意形状的"视窗"，遮罩层下方的对象可以通过该"视窗"显示出来，而"视窗"之外的对象将不会显示。遮罩动画就是运用遮罩制作而成的动画，遮罩层中的内容在动，而被遮罩层中的内容保持静止。

5.1.2 连续运动的实现

在程序中，鼠标和键盘事件是由用户控制发出的，要想实现"自动控制"，就需要在程序中启用时钟事件 WM_TIMER。在启用一个时钟的同时，也给其设置一个时间值 T，这样时钟每隔 T 时间间隔就发出一个消息，驱动程序执行预先设计的代码。

5.1.3 时钟事件的启动及设置方法

使用时钟分为两步：首先创建并使用时钟，然后是在使用结束时撤销时钟。

1. 创建定时器

UINT SetTimer(UINT nIDEvent，UINT nElapse，void ∗ lpfnTimer)

- nIDEvent：定时器标识，任何一个非 0 整数。
- nElapse：时间间隔，单位毫秒。
- lpfnTimer：一般设置为 NULL。

2. 撤销定时器

BOOL KillTimer(int nIDEvent)。其中，nIDEvent 是指撤销的定时器标识。

3.【实例】时钟驱动圆形移动

（1）设置小球的初始位置

在头文件中添加公有成员变量 x，并在构造函数中为该变量赋一个初始值，用于设置小球显示的初始位置。

（2）绘制小球

在 OnDraw( )函数中添加如下代码。

```
void CGDIViewView::OnDraw(CDC ∗ pDC)
{
    CGDIViewDoc ∗ pDoc = GetDocument( );
    ASSERT_VALID( pDoc) ;
    // TODO: add draw code for native data here
    pDC -> Ellipse( x - 50,50,x + 50,150) ;
}
```

（3）使用时钟控件

如图 5-1 所示，右击类视图的 CView 类的名称，在弹出的快捷菜单中选择"Add Windows Message Handler"命令，弹出如图 5-2 所示的"New windows Message and Event Handlers for Class CBit Brushview"对话框。

在"New Windows Message/events:"列表框中选择"WM_TIME"选项，然后单击"Add and Edit"按钮，就会在程序中自动出现下述代码。

```
void GDIView::OnTimer( UINT nIDEvent)
{
    CView::OnTimer(nIDEvent) ;
}
```

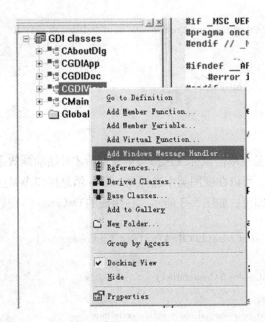

图 5-1　添加时钟控件

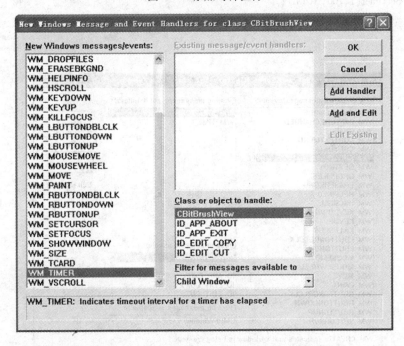

图 5-2　"New Windows Message and Event Handlers for class CBit Brushview" 对话框

（4）更改小球位置

更改小球位置的实质是小球的坐标随着时间的推移发生变化，在 OnTimer（）函数中添加更改小球位置的代码。

```
void CGDIViewView::OnTimer( UINT nIDEvent )
{
```

```
        // TODO：Add your message handler code here and/or call default
        x += 20;
        Invalidate();
        CView::OnTimer(nIDEvent);
    }
```

（5）创建定时器

在很多情况下，并不是在单击鼠标或选择菜单命令后才开始动画效果的，而是一打开程序就运行动画，即启动定时器。可以在视图类中选择 Windows 消息接口 WM_CREATE，然后在该消息对应的函数中声明定时器即可，如图 5-3 所示。在生成的 OnCreate() 函数中添加如下代码。

```
    int CGDIViewView::OnCreate(LPCREATESTRUCT lpCreateStruct)
    {
        if(CView::OnCreate(lpCreateStruct) == -1)
        return -1;
        // TODO：Add your specialized creation code here
        SetTimer(1,100,NULL);
        return 0;
    }
```

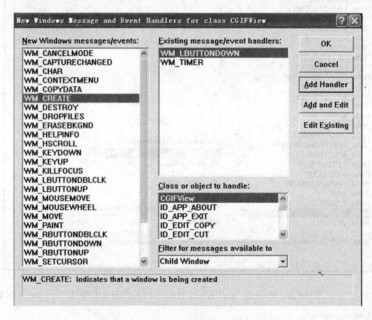

图 5-3　添加 WM_CREATE 事件

（6）使小球停止运动

在本例中，单击鼠标左键，使小球停止运动。可以添加 WM_LBUTTONDOWN 事件，实现方法和添加时钟控件相同。在该事件的响应函数 OnLButtonDown() 中添加撤销定时器的代码即可使小球停止运动，具体实现方法如下。

```
void CGDIViewView::OnLButtonDown( UINT nFlags,CPoint point)
{
    // TODO：Add your message handler code here and/or call default
    KillTimer(1);
    CView::OnLButtonDown(nFlags,point);
}
```

（7）编译运行

运行程序后，如图5-4所示，小球出现在窗口中，由于在程序中只改变了小球的 x 坐标，因此，小球的运动轨迹是由窗口左边向右边直线运动，当单击鼠标左键时，小球停止运动。

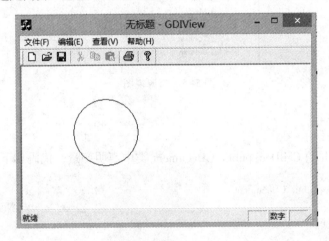

图5-4　程序运行结果

5.2 【程序示例】贴图动画

动画的核心是图片，显示一个连续运动的效果，这些运动的"瞬间"图片效果都是由用户自己设计的。有了图片之后，利用程序来实现各种控制逻辑，以达到不同的显示效果。本节显示的贴图动画，就是连续显示一系列不同颜色的图片，以产生动画感。

gif 动画实际上是在同一个位置连续循环播放一系列静态图片；gif 动画可以用贴图动画实现，因为它对应的静态图片没有外框，直接进行简单的连续显示位图即可。

下面通过一个实例介绍如何实现 gif 动画。

1. 使用向导建立 MFC 应用程序框架

创建一个基于 MFC 的单文档应用程序。

2. 导入图片

（1）添加资源

选择"资源视图"选项卡，右击"gif. rc"，在弹出的快捷菜单中选择"添加资源"命令，在弹出的对话框中选择"Bitmap"选项，将 hong. bmp、huang. bmp、lan. bmp、lu. bmp 位图添加到资源中。

（2）设置位图 ID 号

导入的位图默认的 ID 号分别为 IDB_BITMAP1、IDB_BITMAP2、IDB_BITMAP3、IDB_BITMAP4，如图 5-5 所示。

图 5-5　资源视图

3. 显示位图

（1）声明变量

在文件 gifDoc.h 的 CgifDoc：public CDocument 类中声明变量，代码如下。

```
class CgifDoc：public CDocument
{
    …
    public：
        int i；
    …
}
```

（2）初始化变量

在文件 gifDoc.cpp 的 CgifDoc：：CgifDoc（）构造函数中初始化变量，代码如下。

```
CgifDoc：：CgifDoc（）
{
    i = 0；
}
```

（3）显示图片

在文件 gifView.cpp 的 void CgifView：：OnDraw（CDC * pDC）函数中添加如下代码。

```
void CgifView：：OnDraw（CDC * pDC）
{
    CgifDoc * pDoc = GetDocument（）；
    ASSERT_VALID（pDoc）；
    if（！pDoc）
```

```
            return;
        CBitmap bt[4];
        bt[0].LoadBitmapW(IDB_BITMAP1);
        bt[1].LoadBitmapW(IDB_BITMAP2);
        bt[2].LoadBitmapW(IDB_BITMAP3);
        bt[3].LoadBitmapW(IDB_BITMAP4);
        BITMAP bm;
        bt[pDoc->i].GetBitmap(&bm);
        int x = bm.bmWidth;
        int y = bm.bmHeight;
        CDC dc;
        dc.CreateCompatibleDC(pDC);
        dc.SelectObject(&bt[pDoc->i]);
        pDC->StretchBlt(250,100,x,y,&dc,0,0,x,y,SRCCOPY);
    }
```

（4）编译运行窗口

编译、链接后，程序运行结果如图 5-6 所示。

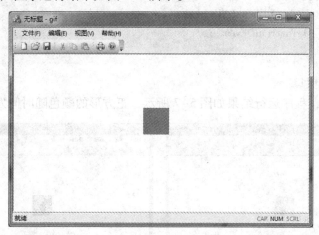

图 5-6　gif 应用程序运行窗口

4. 应用时钟事件

（1）添加鼠标事件

在"MFC 类向导"对话框中，类名（N）选择"CgifView"，消息（s）选择"WM_LBUT-
TONDOWN"。

（2）启用时钟事件

在文件 gifView. cpp 的 void CgifView∷OnLButtonDown(UINT nFlags，CPoint point)的函数
体中加入如下代码。

```
    void CgifView∷OnLButtonDown(UINT nFlags,CPoint point)
    {
```

```
        SetTimer(1,500,NULL);
        CView::OnLButtonDown(nFlags,point);
    }
```

（3）添加时钟事件

在"MFC 类向导"对话框中，类名（N）选择"CgifView"，消息（s）选择"WM_TIMER"。

（4）设置时钟事件

在文件 gifView.cpp 的 void CgifView::OnTimer(UINT_PTR nIDEvent) 的函数体中加入如下代码。

```
void CgifView::OnTimer(UINT_PTR nIDEvent)
{
    CgifDoc * pDoc = GetDocument();
    if(pDoc->i<=3)
    pDoc->i+=1;
    if(pDoc->i>3)
    pDoc->i=0;
    pDoc->UpdateAllViews(NULL);
    CView::OnTimer(nIDEvent);
}
```

（5）编译运行窗口

编译、链接后，程序运行结果如图 5-7 所示，正方形的颜色随时间发生变化。

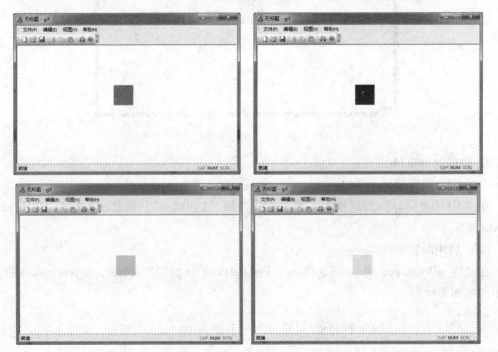

图 5-7 gif 动画

5.3 双缓冲

实现这样一个例子：分别有两张图片，一张是 background，另一张是 people，并且给该程序添加了键盘事件响应，可以用来控制人物的移动，设计步骤如下。

1. 导入位图资源

背景图片的 ID 为 IDB_BITMAP1。

人物图片的 ID 为 IDB_BITMAP2。

2. 显示位图

在视图类的 OnDraw 函数中添加代码实现以下功能。

（1）加载位图

```
CBitmap btBackground;
CBitmap btPeople;
btBackground. LoadBitmap(IDB_BITMAP1);
btPeople. LoadBitmap(IDB_BITMAP2);
```

（2）填充 BITMAP 结构信息

```
BITMAP bm1;
btBackground. GetBitmap(&bm1);
BITMAP bm2;
btPeople. GetBitmap(&bm2);
```

（3）创建与指定设备兼容的内存设备环境

```
CDC dc;
dc. CreateCompatibleDC(pDC);
```

（4）将位图选入内存设备环境中

```
dc. SelectObject(&btBackground);
dc. SelectObject(&btPeople);
```

（5）在指定的设备上输出内存中的位图

```
pDC -> BitBlt(0,0,bm1. bmWidth,bm1. bmHeight,&dc,0,0,SRCCOPY);
pDC -> BitBlt(0,0,bm2. bmWidth,bm2. bmHeight,&dc,0,0,SRCCOPY);
```

3. 实现键盘操控

图片的移动是通过改变图片的位置坐标来实现的，设置图片左上角的坐标为（x，y），然后添加键盘事件，在按〈↑〉、〈↓〉、〈←〉、〈→〉键时改变图片的坐标值，实现人物图片的移动，如图 5-8 所示。

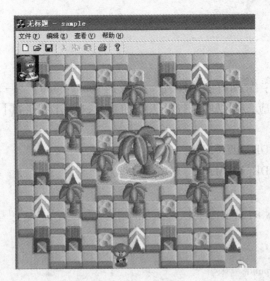

图 5-8　程序示例

　　运行前面的代码，发现有两个问题：人物图片在移动时，视图有明显的闪烁；人物图片有黑色背景，沉浸感差。如何解决这两个问题？可以用双缓冲技术来解决。

5.3.1　双缓冲原理

　　双缓冲的原理可以这样形象地理解：把显示器屏幕看作一块绘制并显示图形图像的黑板。首先在内存环境中建立一个"虚拟"的黑板，然后在这块黑板上绘制复杂的图形，等图形全部绘制完毕的时候，再一次性把内存中绘制好的图形"复制"到另一块黑板（即屏幕）上。采取这种方法可以提高绘图速度，极大地改善绘图效果，并且能够实现多个位图之间的"运算"。

　　在 OnDraw( )函数中可以如下所述实现双缓冲，其主要步骤分为 5 步。

　　1）为屏幕 DC 创建兼容的内存。

```
CDC dcMem;
dcMem. CreateCompatibleDC( pDC) ;
```

　　2）创建位图。

```
CRect rc;
GetClientRect( &rc) ;  //画布为窗口大小
CBitmap bm;
bm. CreateCompatibleBitmap( pDC,rc. Width( ) ,rc. Height( ) ) ;
```

　　3）把位图选入设备环境。

```
dcMem. SelectObject( &bm) ;
dcMem. Ellipse( 0,0,150,150) ;           //画椭圆
```

4）把绘制好的图形复制到屏幕上。

```
pDC -> BitBlt( 0,0,rc. Width( ) ,rc. Height( ) ,&dcMem,0,0,SRCCOPY) ;
```

5）编译运行，结果如图5-9所示。

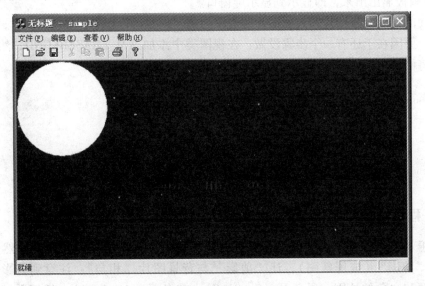

图 5-9　双缓冲示例

此时背景颜色是黑色的，其原因是在没有指定颜色之前，背景本来就没有颜色，可以在画图之前，指定背景的颜色，代码如下。

```
dcMem. FillSolidRect( rc,RGB( 255 ,255 ,255) ) ;
dcMem. Ellipse( 0,0,150,150) ; //画椭圆
```

双缓冲、单缓冲绘制图形的差别在于：在单缓冲中，绘制一个圆，只需如下代码：pDC -> Ellipse（0，0，150，150）；而双缓冲过程，则需要创建设备内存环境（画板）和设备位图（画布），然后在画布上绘图，最后将画板整体显示到屏幕上。

1. 单缓冲位图显示

```
CBitmap bt;
bt. LoadBitmap( IDB_BITMAP1) ;
BITMAP bm;
bt. GetBitmap( &bm) ;
CDC dc;
dc. CreateCompatibleDC( pDC) ;
dc. SelectObject( &bt) ;
pDC -> StretchBlt( 0,0,w,h,&dc,0,0,w,h,SRCCOPY) ;
```

2. 利用双缓冲来显示位图

现在有了双缓冲机制，也就是说还有一个"内部绘图板"，具体转化步骤如下。

1）创建图片对象。

2）创建"内部绘图画板"及对应的画布。

3）创建图片框，将图片选入图片框。

4）将图片框显示到画布上。

5）将画板显出出来，即显示到显示屏窗口。

以前面的显示背景图片和人物图片的程序为例，现在运行程序，移动图片时，发现还有闪烁现象，原因在于还有一个步骤没做：在视图类中添加 WM_ERASEBKGND，然后在对应函数中，将语句

```
return CView::OnEraseBkgnd(pDC);
```

改为

```
return TRUE;
```

5.3.2 【程序示例】利用双缓冲消除图片背景

借助于双缓冲的思想，可以对位图进行运算处理：首先绘制背景图片，然后导入人物图片的"剪影"（或屏蔽图），让"剪影"与背景图片"相与"：注意到剪影图是黑色的人物轮廓和白色的外围，黑色是（0，0，0），白色是（1，1，1）。任何数"与"0得0，"与"1不变。这样，相"与"的结果是背景图对应人物的部分全部变黑（像黑洞），人物之外不变。此时导入人物图片，让人物图片与背景图片相"或"，这样人物部分就填充在黑洞上，人物图片的黑色边缘却不能影响背景图片，最后把得到的图片直接"复制"到屏幕。

下面通过一个实例来介绍如何利用双缓冲消除图片背景。

1. 使用向导建立 MFC 应用程序框架

创建一个基于 MFC 的单文档应用程序。

2. 导入图片

（1）添加资源

在"资源视图"选项卡中，添加位图资源。

（2）设置位图 ID 号

导入的位图默认的 ID 号分别为 IDB_BITMAP1、IDB_BITMAP2、IDB_BITMAP3。

3. 声明变量

在头文件中声明变量 x，y，分别表示人物图片所在的横坐标和纵坐标。

4. 初始化变量

在构造函数中对 x 和 y 分别进行初始化，设置初始值为 0。

5. 显示位图

在 OnDraw( )函数中添加如下代码。

```
void CGDIView::OnDraw( CDC * pDC)
{

    CGDIDoc * pDoc = GetDocument( );
    ASSERT_VALID( pDoc);
    // TODO: add draw code for native data here
    CBitmap btBackground, btPeople, btPeople_;
    btBackground. LoadBitmap( IDB_BITMAP1);
    btPeople. LoadBitmap( IDB_BITMAP2);
    btPeople_. LoadBitmap( IDB_BITMAP3);

    BITMAP bm1;
    btBackground. GetBitmap( &bm1);
    BITMAP bm2;
    btPeople. GetBitmap( &bm2);

    CDC backDC;
    backDC. CreateCompatibleDC( pDC);
    CRect rect;
    GetClientRect( rect);
    CBitmap bt;
    bt. CreateCompatibleBitmap( pDC, rect. Width( ), rect. Height( ));
    backDC. SelectObject( &bt);
    backDC. FillSolidRect( rect, RGB( 255, 255, 255));
    CDC dc;
    dc. CreateCompatibleDC( pDC);
    dc. SelectObject( &btBackground);
    backDC. BitBlt( 0, 0, bm1. bmWidth, bm1. bmHeight, &dc, 0, 0, SRCCOPY);
    dc. SelectObject( &btPeople_);
    backDC. BitBlt( x, y, bm2. bmWidth, bm2. bmHeight, &dc, 0, 0, SRCAND);
    dc. SelectObject( &btPeople);
    backDC. BitBlt( x, y, bm2. bmWidth, bm2. bmHeight, &dc, 0, 0, SRCPAINT);
    pDC -> BitBlt( 0, 0, rect. Width( ), rect. Height( ), &backDC, 0, 0, SRCCOPY);

}
```

编译、链接后，程序运行结果如图 5-10 所示，人物图片的黑色背景消失了。

6. 实现人物的移动

在"MFC 类向导"对话框中添加"WM_KEYDOWN"键盘事件，并在添加如下代码实现通过〈↑〉、〈↓〉、〈←〉、〈→〉方向键控制人物的移动。

```
void CGDIView::OnKeyDown( UINT nChar, UINT nRepCnt, UINT nFlags)
{
    // TODO: Add your message handler code here and/or call default
```

```
switch(nChar)
{
    case VK_UP:
        if(y > 0)
        y -- ;
        break;
    case VK_DOWN:
        y ++ ;
        break;
    case VK_LEFT:
        if(x > 0)
        x -- ;
        break;
    case VK_RIGHT:
        x ++ ;
        break;
}
Invalidate();
CView::OnKeyDown(nChar,nRepCnt,nFlags);
}
```

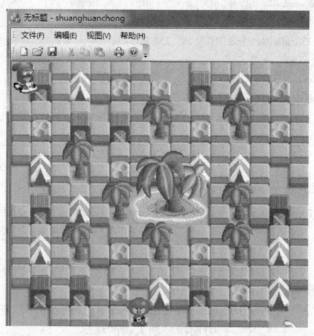

图 5-10　消除人物图片的黑色背景

7. 消除闪烁

在"MFC 类向导"对话框中添加"WM_ERASEBKGND"事件，并在OnEraseBkgnd( )函

数中添加如下代码，即可消除人物移动过程中出现的闪烁现象。

```
BOOL CGDIView::OnEraseBkgnd(CDC * pDC)
{
    // TODO: Add your message handler code here and/or call default
    //return CView::OnEraseBkgnd(pDC);
    return TRUE;
}
```

　　至此，该程序设计已经基本编写完成，单击时，人将上下移动，也不会出现闪烁现象。当然，这个应用程序很简单，还有很多功能没有实现，读者可以根据课外的学习，进一步完善应用程序的功能。

5.4　小结

　　本章简要介绍了贴图动画、双缓冲原理。本章中的一些示例都是很简单的程序，主要为了让读者对游戏中的动画机制有一个基本的了解，希望读者通过本章的学习和查找资料，能够实现更加实用复杂的程序。

5.5　思考题

1. 动画是利用人眼的什么特性来实现的？简单说明。
2. 简述时钟事件的启动以及设置方法。
3. 简述如何利用双缓冲消除图像闪烁现象。
4. 如何消除图片的黑色背景？

第6章　游戏中的数学物理算法

任何一款游戏，不管是漂亮绚丽的画面，还是优美的音乐，其目的都是追求场景的真实性，只有具有真实感场景的游戏才能让玩家全身心投入。除了画面和音乐，场景真实性的构造更多的是对现实中物理现象的模拟，例如，游戏中人物可以穿墙而过，小球碰到墙壁没有发生反弹，那么就很不真实。

物理学是研究物质结构、物体运动和物体间相互作用的一般规律的学科。在游戏中，涉及的物理学知识最多的就是牛顿力学的相关知识，如位移、速度、匀速运动、加速运动、动量冲量、摩擦与碰撞等知识。这些物理现象都可以用数学来描述，也只有通过数学这个媒介，才能在游戏程序中体现出来。

6.1　游戏中的数学公式

在设计二维或三维游戏的过程中，往往需要使用到较复杂的数学公式来计算物体的运动。本节将重点介绍与距离计算相关的公式、三角函数和向量。

1. 两点间距离的计算

在二维游戏中，通常需要计算两个物体 A 与 B 之间的距离，假设 A 的坐标为 (x_1, y_1)，B 的坐标为 (x_2, y_2)，则 A 与 B 之间的距离 d 的计算方法是：x 轴方向坐标差的平方与 y 轴方向坐标差的平方之和的平方根，计算公式如下：

$$\Delta x = x_2 - x_1$$
$$\Delta y = y_2 - y_1$$
$$d = \sqrt{\Delta x^2 + \Delta y^2} = \sqrt{(x_2 - x_1)^2 + (y_2 - y_1)^2}$$

在三维游戏中，两个物体 A 与 B 的坐标分别为 (x_1, y_1, z_1) 和 (x_2, y_2, z_2)，则两点之间的距离 d 的计算方法是：x 轴方向坐标差的平方与 y 轴方向坐标差的平方与 z 轴方向坐标差的平方之和的平方根，计算公式如下：

$$\Delta x = x_2 - x_2$$
$$\Delta y = y_2 - y_1$$
$$\Delta z = z_2 - z_1$$
$$d = \sqrt{\Delta x^2 + \Delta y^2 + \Delta z^2} = \sqrt{(x_2 - x_1)^2 + (y_2 - y_1)^2 + (z_2 - z_1)^2}$$

2. 三角函数

三角函数用于计算三角形中长度与角度的关系，在物体碰撞与反弹运动中应用较多。另外，在游戏中也可以利用三角函数制作旗帜飘动的效果和互动的 3D 效果。三角函数共定义了 6 种函数：正弦、余弦、正切、余切、正割、余割。下面列出几种常用的三角函数公式：

$$\sec\theta = \cos^{-1}\theta$$

$$\csc\theta = \sin^{-1}\theta$$

$$\tan\theta = \frac{\sin\theta}{\cos\theta}$$

$$\cot\theta = \frac{\cos\theta}{\sin\theta} = \tan^{-1}\theta$$

$$\sin^2\theta + \cos^2\theta = 1$$

$$1 + \tan^2\theta = \sec^2\theta$$

$$1 + \cot^2\theta = \csc^2\theta$$

3. 向量

向量具有方向和大小两种属性，没有方向的量称为标量。如游戏中物体的速度有大小和方向，所以需要用向量来表示。在几何表现上，向量是有方向的线段；而标量是没有标注方向的线段，如两点间距离。

在 2D 游戏中，用到的向量通常有力、速度、加速度、法线等；在 3D 游戏中用到的更多一些，还有面的法向量、向量的内积与叉积等。

6.2 物理原理

游戏开发中涉及最多的就是牛顿力学的物理知识，简单回顾如下。

- 距离与位移：距离是物体从一个位置移动到另一个位置所经过的路径，它是标量；位移是物体位置上的变化，是矢量。
- 速率与速度：速率表示物体移动的快慢，是标量；根据速度，就可以根据经过的时间来计算物体的新位置 (x, y)。
- 加速度：物体速度改变快慢的量，其方向表示速度改变的方向。

6.2.1 牛顿运动定律

1. 牛顿第一定律

任何物体都保持静止或匀速直线运动，直到受到外力作用迫使它改变这种状态，即力是改变物体运动状态的原因。

2. 牛顿第二定律

物体在受到合外力的作用时会产生加速度，加速度方向与力的相同，加速度的大小为：

$$a = \frac{F}{m}$$

其中，F 为力的大小，m 为物体的质量。

3. 牛顿第三定律

两个物体之间的作用力和反作用力在同一直线上，大小相等，方向相反；即力的作用是相互的，有作用力必有反作用力。

4. 冲量和动量

质量为 m 的静止物体在力 F 的作用下开始运动，经过时间 t，其速度 v 为

$$v = 0 + at = \frac{F}{m} \cdot t \Rightarrow Ft = mv$$

可见，要使一个原来静止的物体获得某一速度，既可以用较大的力作用较短的时间，也可以用较小的力作用较长的时间，只要力 F 和作用时间 t 的乘积相同。

我们把力 F 与其作用时间的乘积叫作冲量；把物体的质量 m 和速度 v 的乘积叫作动量。

5. 动量定理和动量守恒定律

物体所受合外力的冲量等于物体的动量变化，这个性质就叫作动量定理，它的表达式为：

$$Ft = mv_1 - mv_0$$

进一步可推知，一个系统不受外力或所受外力之和为零，则这个系统的总动量保持不变，这个性质叫作动量守恒定律。动量守恒定律的重要应用是处理碰撞问题，即把相互碰撞的物体作为一个系统来看待，该系统所受外力可以忽略。

6.2.2 【程序示例】匀速运动的模拟

匀速运动是指物体在任何时刻速度都是一样的，因此在相同的时间间隔内物体运动的位移也是相等的。设物体运动速度为 v，它是指每个时间间隔内物体的位移。设物体在 x 轴、y 轴方向上的速度分量分别为 v_x、v_y，这样每个时间间隔后，物体在 x 轴、y 轴方向上的位移相同，分别是 v_x、v_y，则：

$$x = x_0 + v_x \cdot \Delta t$$
$$y = y_0 + v_y \cdot \Delta t$$

其中 (x_0, y_0) 是物体上一时刻位置，(x, y) 是物体的当前位置。注意，若把时间间隔看作单位时间，时间 Δt 可以略掉。

下面介绍一个实例，通过编程实现物体的匀速运动。本例中只考虑物体水平方向上的运动，不考虑垂直方向上的运动。

1. 使用向导建立 MFC 应用程序框架

创建一个基于 MFC 的单文档应用程序。

2. 显示画面

（1）声明变量

在文件 yunsuDoc. h 的 CyunsuDoc:public CDocument 类中声明变量，代码如下。

```
class CyunsuDoc:public CDocument
{
    …
    public:
    intv;
    int t;
    …
}
```

（2）初始化变量

在文件 yunsuDoc. cpp 的 CyunsuDoc∶∶CyunsuDoc( )构造函数中初始化变量，代码如下。

```
CyunsuDoc∶∶CyunsuDoc( )
{
    v = 5;
    t = 0;
}
```

（3）给视图类添加 OnCreate( )消息接口

在"MFC 类向导"对话框中，"类名"下拉列表中选择"CyunsuView"，"消息"中选择"WM_CREATE"，单击"添加处理程序"按钮，如图 6-1 所示。

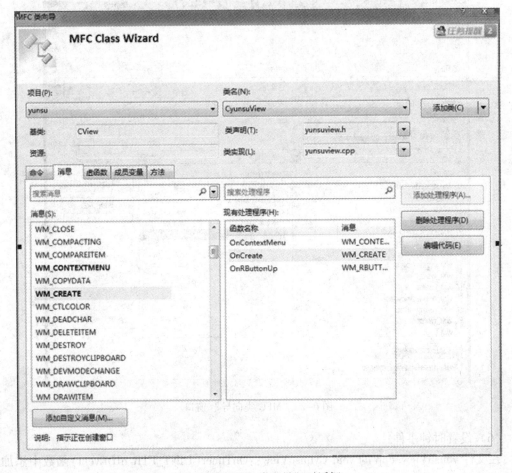

图 6-1 "MFC 类向导"对话框

（4）启用时钟事件

在文件 yunsuView. cpp 的 int CyunsuView∶∶OnCreate(LPCREATESTRUCT lpCreateStruct)函数中添加代码如下。

```
int CyunsuView::OnCreate(LPCREATESTRUCT lpCreateStruct)
{
    …

    SetTimer(1,100,NULL);
    …

}
```

（5）添加时钟事件

在"MFC 类向导"对话框中，"类名"中选择"CyunsuView"，"消息"中选择"WM_TIMER"，单击"添加处理程序"按钮，如图6-2所示。

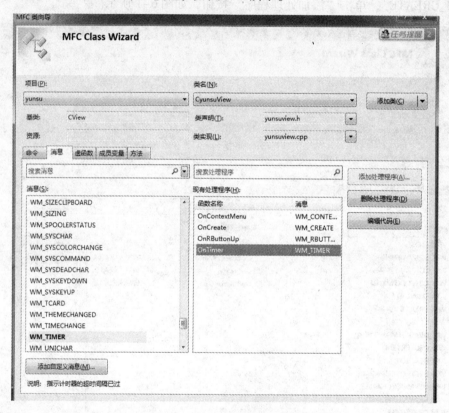

图6-2 "MFC 类向导"窗口

（6）设置时钟事件

在文件 yunsuView.cpp 的 void CyunsuView::OnTimer(UINT_PTR nIDEvent)函数中添加代码如下。

```
void CyunsuView::OnTimer(UINT_PTR nIDEvent)
{
    …

    pDoc ->t ++ ;
```

```
            pDoc -> UpdateAllViews( NULL) ;
            ...

        }
```

（7）绘制小球和水平面

在文件 yunsuView. cpp 的 void CyunsuView∶∶OnDraw(CDC ∗ pDC)函数中添加代码如下。

```
    void CyunsuView∶∶OnDraw( CDC ∗ pDC)
    {
        ...
        pDC -> MoveTo( 10 ,150) ;
        pDC -> LineTo( 600 ,150) ;
        CBrush brush ;
        brush. CreateSolidBrush( RGB( 30 ,30 ,30) ) ;
        pDC -> SelectObject( &brush) ;
        pDC -> Ellipse( 25 + pDoc -> t ∗ pDoc -> v ,100 ,75 + pDoc -> t ∗ pDoc -> v ,150) ;
        ...

    }
```

（8）编译运行窗口

编译、链接后，程序运行结果如图 6-3 所示，小球将沿水平面做匀速直线运动。

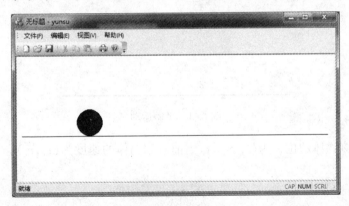

图 6-3　小球匀速运动

6.2.3　变速运动的模拟

速度（矢量，有大小有方向）发生改变的（或是大小，或是方向，即 $a \neq 0$）运动称为变速运动。速度不变（即 $a = 0$）且方向不变的运动称为匀速运动。而变速运动又分为匀变速运动（加速度不变）和变加速运动（加速度改变）。所以变加速运动并不是针对变减速运动来说的，是相对匀变速运动讲的。匀变速运动，即加速度不变（必须是大小和方向都不变）的运动。匀变速运动既可能是直线运动（匀变速直线运动），也可能是曲线运动（比如平抛运动）。

变速运动是由加速度引起的，加速度 a 可以为常量也可以是变化的，这里仅考虑常量的情况。

设上一时刻物体位置为(x_0, y_0)，上一时刻物体速度为(v_x^0, v_y^0)，则在当前时刻物体速度为：

$$v_x^1 = v_x^0 + a_x$$
$$v_y^1 = v_y^0 + a_y$$

那么，当前时刻物体的位置近似为：

$$x = x_0 + v_x^1$$
$$y = y_0 + v_y^1$$

注意，若把时间间隔看作单位时间，时间可以略掉。

6.2.4 【程序示例】平抛运动的模拟

平抛运动是一种"复合运动"，在 x 轴方向它是匀速运动，在 y 轴方向，物体由于自生重力而以重力加速度向下运动，其运动轨迹是一条抛物线，如图6-4所示。

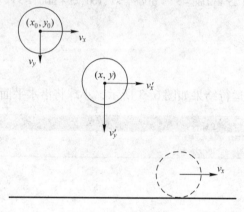

图6-4　平抛运动

假设当前时刻物体的位置为(x_0, y_0)，当前时刻物体的速度为(v_x, v_y)，则在下一时刻物体的速度为：

$$\begin{cases} v_x^1 = v_x \\ v_y^1 = v_y + g \end{cases}$$

同理，物体下一时刻的位置为：

$$\begin{cases} x = x_0 + v_x^1 \\ y = y_0 + v_y^1 \end{cases}$$

下面，通过一个实例讲解如何利用编程模拟平抛运动。

1. 使用向导建立 MFC 应用程序框架

创建一个基于 MFC 的单文档应用程序。

2. 绘制画面

（1）声明变量

在文件 pingpaoDoc. h 中的 CpingpaoDoc：public CDocument 类中声明变量，代码如下。

```
class CpingpaoDoc:public CDocument
{
    …
    public:
        intv;
        int t;
    …
}
```

（2）初始化变量

在文件 pingpaoDoc. cpp 的 CpingpaoDoc :: CpingpaoDoc( )构造函数中初始化变量，代码如下。

```
CpingpaoDoc :: CyunsuDoc( )
{
    v = 100;
    t = 0;
}
```

（3）给视图类添加 OnCreate( )消息接口

在"MFC 类向导"对话框中，"类名"下拉列表中选择"CpingpaoView"，"消息"中选择"WM_CREATE"，单击"添加处理程序"按钮。

（4）启用时钟事件

在文件 pingpaoView. cpp 的 int CpingpaoView :: OnCreate（LPCREATESTRUCT lpCreateStruct）函数中添加代码如下。

```
int CpingpaoView :: OnCreate( LPCREATESTRUCT lpCreateStruct)
{
    …
    SetTimer(1,100,NULL);
    …
}
```

（5）添加时钟事件

在"MFC 类向导"对话框中，"类名"下拉列表中选择"CpingpaoView"，"消息"中选择"WM_TIMER"，单击"添加处理程序"。

（6）设置时钟事件

在文件 pingpaoView. cpp 的 void CpingpaoView :: OnTimer(UINT_PTR nIDEvent) 函数中添加代码如下。

```
void CpingpaoView :: OnTimer( UINT_PTR nIDEvent)
{
```

```
...
pDoc -> t ++ ;
pDoc -> UpdateAllViews(NULL);
...
}
```

（7）绘制小球

在文件 pingpaoView. cpp 的 void CpingpaoView :: OnDraw（CDC * pDC）函数中添加代码如下。

```
void CpingpaoView :: OnDraw( CDC * pDC)
{
    ...
    double g = 10;
    double s = pDoc -> t * pDoc -> v;
    double h = g * pDoc -> t * pDoc -> t/2;
    CBrush brush;
    brush. CreateSolidBrush( RGB(30,30,30));
    pDC -> SelectObject( &brush);
    pDC -> Ellipse( s - 25, h - 25, s + 25, h + 25);
    ...
}
```

（8）编译运行窗口

编译、链接后，程序运行结果如图6-5所示，小球将一直做平抛曲线运动。

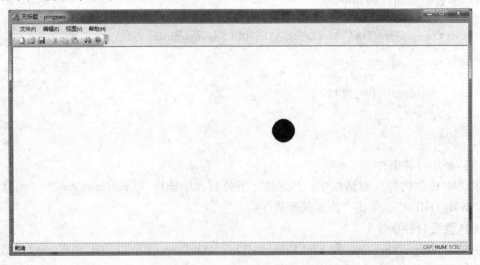

图 6-5 平抛曲线运动

6.2.5 动量守恒的模拟

在碰撞问题中，若能考虑客观物理规律，将会使游戏效果很真实。如两个大小不同的钢球在光滑水平面上相撞，大球的质量是小球的 2 倍，如图 6-6 所示，当大球以 4 m/s 的速度与静止的小球相撞后，小球获得 6 m/s 的速度，此时大球的速度是多少？

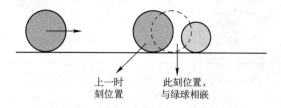

上一时
刻位置

此刻位置，
与绿球相嵌

图 6-6　两球碰撞

大球向右运动，小球静止；设小球圆心坐标为 (x_1, y_1)，半径为 20；大球圆心坐标为 (x_2, y_2)，半径为 25。当两圆心距小于它们的半径和时，就会相嵌，但是实际上，不可能出现两球相嵌的情况，此时就会碰撞，根据动量守恒，可以计算碰撞后各自的速度。其具体代码为：

```
x1 + = v1;
x2 + = v2;
if(sqrt((x2 - x1) * (x2 - x1) + (y2 - y1) * (y2 - y1)) < 45)
{
x2 = x1 - 45;          //此处是近似处理
v1 = 6;
v2 = 1;
}
Invalidate();
```

另外，物体在运动中，要考虑到与接触面的摩擦力，还有空气阻力等，这些力的效果是产生一个与运动方向相反的加速度，使物体的运动越来越慢。例如，一个乒乓球自由落在一个弹性平面上，就会被弹起，但是弹起的高度小于落下的高度；这样依次落下，弹起，…，直至静止在平台上。这样类似的过程在游戏中常有体现，也是容易实现的。

6.2.6　【程序示例】反射运动的模拟

如图 6-7 所示，当球碰撞到墙壁时，球的运动方向会因墙壁而改变，这种运动方式有规律可依循，称为反射运动，因为它很像光线的入射和反射。反射运动示例如图 6-8 所示。

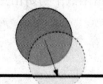

小球位置是上一时刻位置，按照
小球的当前速度，当前时刻就到
了虚线位置，与墙壁相嵌

事实上，当小球运动到虚线位
置时就会与墙壁相撞，被弹开

图 6-7　小球碰撞

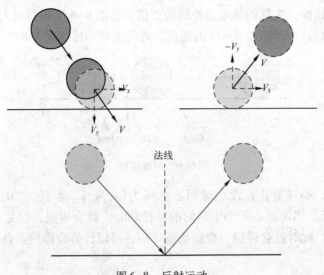

图 6-8　反射运动

下面讲解如何通过编程实现反射运动的模拟。要求：实现小球的自由落体运动，当小球与地面发生碰撞时，弹起，然后继续做自由落体运动，如此反复，直至小球静止。

1. 使用向导建立 MFC 应用程序框架

创建一个基于 MFC 的单文档应用程序。

2. 显示画面

（1）声明变量

在文件 fansheDoc. h 的 CfansheDoc：public CDocument 类中声明变量，代码如下。

```
class CfansheDoc:public CDocument
{
...
public:
    double s,s0,t,v;
...
}
```

（2）初始化变量

在文件 fansheDoc. cpp 的 CfansheDoc∷CfansheDoc( )构造函数中初始化变量，代码如下：

```
CpingpaoDoc∷CyunsuDoc( )
{
    v = 100;s = 0;t = 0;v = 0;s0 = 60
}
```

（3）给视图类添加 OnCreate( )消息接口

在"MFC 类向导"对话框中，"类名"下拉列表中选择"CfansheView"，"消息"中选择"WM_CREATE"，单击"添加处理程序"按钮。

（4）启用时钟事件

在文件 fansheView. cpp 的 int CfansheView :: OnCreate(LPCREATESTRUCT lpCreateStruct) 函数中添加代码如下。

```
int CfansheView :: OnCreate( LPCREATESTRUCT lpCreateStruct)
{
    …
    SetTimer( 1 , 100 , NULL) ;
    …
}
```

（5）添加时钟事件

在"MFC 类向导"对话框中，选择"CfansheView"、"WM_TIMER"、"添加处理程序"。

（6）设置时钟事件

在文件 fansheView. cpp 的 void CfansheView :: OnTimer(UINT_PTR nIDEvent) 函数中添加代码如下。

```
void CfansheView :: OnTimer( UINT_PTR nIDEvent)
{
    …
    pDoc -> t ++ ;
    pDoc -> UpdateAllViews( NULL) ;
    …
}
```

（7）绘制画面

在文件 fansheView. cpp 的 void CfansheView :: OnDraw(CDC * pDC) 函数中添加代码如下。

```
void CfansheView :: OnDraw( CDC * pDC)
{
    …
    double g = 10 ;
    pDC -> MoveTo( 100 , 300) ;
    pDC -> LineTo( 800 , 300) ;
    CBrush brush ;
    brush. CreateSolidBrush( RGB( 30 , 30 , 30) ) ;
    pDC -> SelectObject( &brush) ;
    if( pDoc -> s == 270)
    {
        pDoc -> s0 = pDoc -> s0 + pDoc -> v * pDoc -> v/( 4 * g) ;
        pDoc -> v = - pDoc -> v/2 ;
        pDoc -> t = 0 ;
    }
```

```
if(pDoc->v>=0)
{
    pDoc->s=pDoc->s0+0.5*g*pDoc->t*pDoc->t;
    if(pDoc->s>=270)
            pDoc->s=270;
    pDC->Ellipse(370,pDoc->s-30,430,pDoc->s+30);
    pDoc->v=g*pDoc->t;
}
if(pDoc->v<0)
{
    pDoc->s=270+(pDoc->v*pDoc->t+0.5*g*pDoc->t*pDoc->t);
    pDC->Ellipse(370,pDoc->s-30,430,pDoc->s+30);
    pDoc->v=pDoc->v+g*pDoc->t;
}
}
```

（8）编译运行窗口

编译、链接后，程序运行结果如图6-9所示，小球将做自由落体运动，碰到地面后将反弹，直到小球静止。

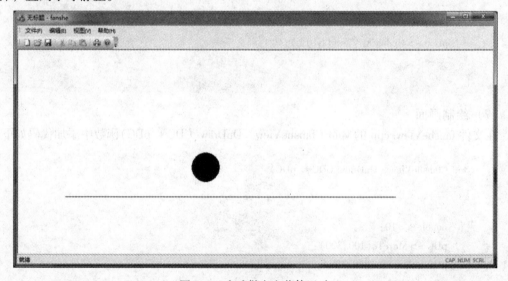

图6-9　小球做自由落体运动

6.3　对象的碰撞检测

碰撞问题是可视化系统及虚拟现实中的一个重要组成部分。如果没有碰撞检测，当场景中的一个对象碰到另一个对象时，就会发生"穿墙而过"的现象，降低了真实感。碰撞问题包括碰撞检测和碰撞响应两方面内容。碰撞检测是检测不同对象中间是否发生了碰撞，碰撞响应是在碰撞发生后，根据碰撞点和其他参数促使发生碰撞的物体做出正确的动作。碰撞响应涉及力学反馈等知识。

6.3.1 碰撞对速度的影响

两球之间的碰撞检测如何来做？计算得到两球当前位置后，判断球心距与半径和的关系，那么，两球碰撞后的响应如何计算？常见的碰撞情形如图6-10所示。

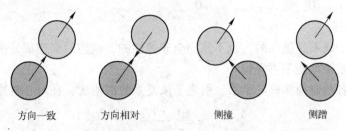

方向一致　　　方向相对　　　侧撞　　　侧蹭

图6-10　碰撞对小球速度的影响

6.3.2 碰撞及其分类

碰撞的定义：在力学中，具有相对接近速度的两个或两个以上的物体，在短时间内宏观上直接接触并且发生形变的现象称为碰撞。碰撞会使这些物体或其中的某个物体的运动状态发生明显的变化。碰撞的分类如图6-11所示。

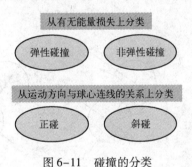

从有无能量损失上分类

弹性碰撞　　　非弹性碰撞

从运动方向与球心连线的关系上分类

正碰　　　斜碰

图6-11　碰撞的分类

1. 完全非弹性碰撞

如果两小球的质量分别为 m_1 和 m_2，发生完全非弹性碰撞。碰撞前两小球的速度分别为 v_1 和 v_2，设碰撞后合在一起的速度为 v，则由动量守恒定律可得：

$$m_1v_1 + m_2v_2 = (m_1 + m_2)v$$

$$v = \frac{m_1v_1 + m_2v_2}{m_1 + m_2}$$

2. 弹性碰撞

两个小球的质量分别为 m_1 和 m_2，沿直线分别以速度 v_{10} 和 v_{20} 运动，两球发生弹性对心碰撞，设碰撞后的速度分别为 v_1 和 v_2，由于是弹性碰撞，故总动量和总动能保持不变，即

$$m_1v_{10} + m_2v_{20} = m_1v_1 + m_2v_2$$

$$\frac{1}{2}m_1v_{10}^2 + \frac{1}{2}m_2v_{20}^2 = \frac{1}{2}m_1v_1^2 + \frac{1}{2}m_2v_2^2$$

则有：

$$v_1 = \frac{m_1 - m_2}{m_1 + m_2} v_{10} + \frac{2m_2}{m_1 + m_2} v_{20}$$

$$v_2 = \frac{m_2 - m_1}{m_1 + m_2} v_{20} + \frac{2m_1}{m_1 + m_2} v_{10}$$

若 $m_1 = m_2$，则 $v_1 = v_{20}$，$v_2 = v_{10}$，此时发生弹性碰撞后，两球的速度交换。

若 $m_2 \gg m_1$，$v_{20} = 0$，则 $v_1 = v_{10}$，$v_2 \approx 0$。

3. 非弹性碰撞

一般的碰撞，既不是弹性的，也不是完全非弹性的，碰撞后形迹部分恢复，两物体具有不同的速度，但系统动能不再守恒。

牛顿总结了各种碰撞实验的结果，引进了恢复系数的概念，在对心碰撞中被定义为：

$$e = \frac{v_2 - v_1}{v_{10} - v_{20}}$$

e 完全决定于相碰两物体的弹性，是二者的联合性质。当 $e = 1$ 时，为弹性碰撞；当 $e = 0$ 时，为完全非弹性碰撞；当 $0 < e < 1$ 时，为非弹性碰撞。

4. 非对心碰撞

非对心碰撞又称为斜碰，指碰前速度方向至少有一个不在球心连线上。可分为两种情况：二维碰撞，速度在同一平面内；三维碰撞，速度不在同一平面内。解决一维碰撞的所有概念、方法均可用来解决斜碰问题。在简单 2D 游戏中，一般把速度转化到球心连线方向上来处理，如图 6-12 所示。

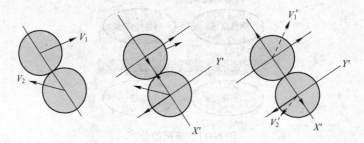

图 6-12　非对心碰撞

两球速度不在球心连线上，所以是非对心碰撞。首先把小球速度分解到球心连线及连线之垂线上。假设发生弹性碰撞，在球心连线方向上，两球交换速度；在连线垂线方向上，各自速度不变；最终的速度是合成速度。

如图 6-13 所示，在当前时刻两球有嵌入的情况下，要消除嵌入深度，为了在视觉上显得真实，可以先比较两球速度，让速度较大的球位置不变，而让速度较小的球退后，这样保证与上一时间间隔相比，小球的位移没有"明显"的变化。

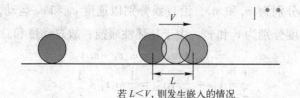

若 $L < V$，则发生嵌入的情况

图 6-13　两球嵌入的情况

前面介绍的碰撞是对于规则图形的碰撞判断，在很多应用场合，很多物体不是规则形状的。

在 2D 游戏中，还可以用颜色侦测和行进路线侦测的方法：

- 颜色侦测：物体部分与背景进行实时颜色运算。
- 行进路线侦测：根据物体运动规律，提前检测两物体是否会碰撞。

在 3D 游戏中，用到的是包围球或包围盒方法。

6.3.3 【程序示例】弹球运动模拟

设计一个程序，一个小球将从高处滚下来，与水平面上的相同质量的小球相碰撞，它们将做怎样的运动呢？下面通过编程模拟此现象。

1. 使用向导建立 MFC 应用程序框架

创建一个基于 MFC 的单文档应用程序。

2. 显示画面

（1）声明变量

在文件 pengzhuangDoc.h 的 CpengzhuangDoc：public CDocument 类中声明变量，代码如下。

```
class CpengzhuangDoc:public CDocument
{
    …
public:
    double x,y,t,v,s1,t1;
    …
}
```

（2）初始化变量

在文件 pengzhuangDoc.cpp 的 CpengzhuangDoc :: CpengzhuangDoc( )构造函数中初始化变量，代码如下。

```
CpengzhuangDoc :: CyunsuDoc( )
{
    x = 130 + 30 * 0.414;
    y = 100;
    t = 0;
    v = 0;
    s1 = 0;
    t1 = 0;
}
```

（3）给视图类添加 OnCreate( )消息接口

在"MFC 类向导"对话框中，"类名"下拉列表中选择"CpengzhuangView"，"消息"

中选择"WM_CREATE",单击"添加处理程序"按钮。

（4）启用时钟事件

在文件 pengzhuangView. cpp 的 OnCreate( ) 函数中添加代码如下：

```
int CpengzhuangView :: OnCreate( LPCREATESTRUCT lpCreateStruct)
{
    …
    SetTimer( 1 ,100 ,NULL) ;
    …
}
```

（5）添加时钟事件

在"MFC 类向导"对话框中，"类名"下拉列表中选择"pengzhuangView"，"消息"中选择"WM_TIMER"，单击"添加处理程序"按钮。

（6）设置时钟事件

在文件 pengzhuangView. cpp 的 void CpengzhuangView :: OnTimer(UINT_PTR nIDEvent) 函数中添加代码如下。

```
void CpengzhuangView :: OnTimer( UINT_PTR nIDEvent)
{
    CpengzhuangDoc *  pDoc = GetDocument( ) ;
    pDoc -> t ++ ;
    pDoc -> UpdateAllViews( NULL) ;
    CView :: OnTimer( nIDEvent) ;
}
```

（7）显示画面

在文件 pengzhuangView. cpp 的 void CpengzhuangView :: OnDraw(CDC * pDC) 函数中添加代码如下。

```
void CpengzhuangView :: OnDraw( CDC * pDC)
{
    …
    double a = 1 ,s ,h ;
    CPen pen ;
    pDC -> MoveTo( 100 ,100) ;
    pDC -> LineTo( 300 ,300) ;
    pDC -> LineTo( 1200 ,300) ;
    h = pDoc -> y + 0. 5 * a * pDoc -> t * pDoc -> t;
    s = pDoc -> x + 0. 5 * a * pDoc -> t * pDoc -> t;
    pen. CreatePen( PS_SOLID ,1 ,RGB( 0 ,0 ,255) ) ;
    pDC -> SelectObject( &pen) ;
```

```
if(h <= 270)
{
    pDC -> Ellipse(s - 30, h - 30, s + 30, h + 30);
    pDC -> Ellipse(470, 240, 530, 300);
    pDoc -> v = sqrt(2 * (a * pDoc -> t) * (a * pDoc -> t));
    pDoc -> s1 = s;
    pDoc -> t1 = pDoc -> t;
}
else
{

    pDoc -> s1 = pDoc -> s1 + (pDoc -> v * (pDoc -> t - pDoc -> t1));
    if(pDoc -> s1 <= 440)
    {
        pDC -> Ellipse(pDoc -> s1 - 30, 240, pDoc -> s1 + 30, 300);
        pDC -> Ellipse(470, 240, 530, 300);
    }
    else
    {

        pDC -> Ellipse(410, 240, 470, 300);
        pDC -> Ellipse(pDoc -> s1 - 30, 240, pDoc -> s1 + 30, 300);
    }

}
}
```

（8）编译运行窗口

编译、链接后，程序运行结果如图 6-14 所示，两小球将碰撞。

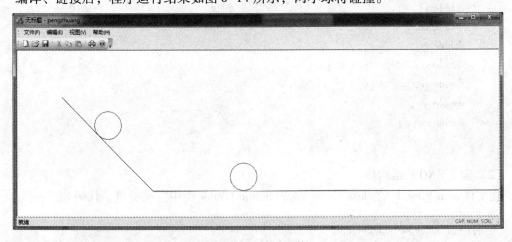

图 6-14 小球碰撞

6.4 【程序示例】粒子系统

在游戏中，为了表现某些特殊效果，如火焰、雪花、浪花、瀑布等，就要使用粒子系统。这些物体有一个共性，就是可以用一定数量的运动粒子来模拟，这些粒子有如下特征：
- 粒子的初始位置可能不同。
- 粒子具有一定的生命值，即存在时间。
- 粒子具有各自的速度和方向。
- 粒子还具有一定的加速度。

粒子是多个信息的复合体，因此需要用结构体或类这样的数据类型来表示，粒子的基本数据成员有：
- 位置（x, y）。
- 大小。
- 速度。
- 加速度。
- 生命值。

现在来设计一个简单的【程序示例】粒子系统，来模拟雪花，无穷无尽的雪花从天而降，雪花大小不一，各自的运动轨迹也不同，即它们的速度各异。计算机的内存资源是有限的，不可能产生无穷尽数量的雪花，那么是如何实现这种绵绵不绝的效果的？

1. 使用向导建立 MFC 应用程序框架

创建一个基于 MFC 的单文档应用程序。

2. 构造雪花结构体

（1）声明结构体

在文件 snowView. h 中声明一个结构体 SNOW，代码如下。

```
struct SNOW
{
    double x;
    double y;
    double vx;
    double vy;
    double ax;
    double ay;
    double life;
    double radius;
};
```

（2）定义 SNOW 结构体

在文件 snowView. h 的 class CsnowView：public CView 类中定义变量，代码如下：

```
class CsnowView：public CView
{
    …
    public：
        SNOW snow[2000];
```

126

```
        …
    }
```

（3）初始化变量

在文件 snowView. h 的 CsnowView :: CsnowView( ) 的构成函数中初始化变量，代码如下。

```
CsnowView :: CsnowView( )
{
    for( int i = 0 ; i < 2000 ; i + + )
    {
        snow[ i ]. vx = rand( ) % 3 + 1 ;
        snow[ i ]. vy = rand( ) % 1 + 1 ;
        snow[ i ]. x = rand( ) % 2000 − 500 ;
        snow[ i ]. y = rand( ) % 1200 − 500 ;
        snow[ i ]. ax = rand( ) % 1 + 1 ;
        snow[ i ]. ay = rand( ) % 1 + 1 ;
        snow[ i ]. life = rand( ) % 10 + 10 ;
        snow[ i ]. radius = rand( ) % 5 + 2 ;
    }
}
```

3. 绘制画面

（1）声明变量

在文件 snowDoc. h 的 CsnowDoc：public CDocument 类中声明变量，代码如下。

```
class CsnowDoc：public CDocument
{
    …
    public：
        int t;
    …
```

（2）初始化变量

在文件 snowDoc. cpp 的 CsnowDoc :: CsnowDoc( ) 构造函数中初始化变量，代码如下。

```
CsnowDoc :: CsnowDoc( )
{
    t = 0;
}
```

（3）给视图类添加 OnCreate( ) 消息接口

在"MFC 类向导"对话框中，在"类名"下拉列表中选择"CsnowView"，在"消息"

中选择"WM_CREATE",单击"添加处理程序"按钮。

(4)启用时钟事件

在文件 snowView. cpp 的 int CsnowView :: OnCreate(LPCREATESTRUCT lpCreateStruct)函数中添加代码如下。

```
int CsnowView :: OnCreate( LPCREATESTRUCT lpCreateStruct)
{
    …
    SetTimer(1,50,NULL);
    srand((unsigned)time(NULL));
    …
}
```

(5)添加时钟事件

在"MFC 类向导"对话框中,在"类名"下拉列表中选择"snowView",在"消息"中选择"WM_TIMER",单击"添加处理程序"。

(6)设置时钟事件

在文件 snowView. cpp 的 void CsnowView :: OnTimer(UINT_PTR nIDEvent)函数中添加代码如下。

```
void CsnowView :: OnTimer( UINT_PTR nIDEvent)
{
    CsnowDoc * pDoc = GetDocument();
    pDoc -> t ++;
    if( pDoc -> t == 20)
        pDoc -> t = 0;
    pDoc -> UpdateAllViews( NULL);
    CView :: OnTimer( nIDEvent);
}
```

(7)设置视图背景为黑色

在文件 snowView. cpp 的 BOOL CsnowView :: PreCreateWindow(CREATESTRUCT& cs)函数中添加代码如下。

```
BOOL CsnowView :: PreCreateWindow( CREATESTRUCT& cs)
{
    HBRUSH br = CreateSolidBrush( RGB( 0,0,0));
    LPCTSTR lp = AfxRegisterWndClass( CS_HREDRAW | CS_VREDRAW | CS_OWNDC,0,br);
    cs. lpszClass = lp;
    return CView :: PreCreateWindow( cs);
}
```

（8）显示画面

在文件 snowView. cpp 的 void CsnowView∷OnDraw(CDC ∗ pDC)函数中添加代码如下。

```
void CsnowView∷OnDraw(CDC ∗ pDC)
{
    …
    CBrush brush;
    brush. CreateSolidBrush(RGB(255,255,255));
    pDC -> SelectObject(&brush);
    for(int j = 0;j < 2000;j ++ )
    {
        if(snow[j]. life >= pDoc -> t)
        {
        if(snow[j]. radius == 6&&rand()%3 == 1)
        {snow[j]. ay + = 0. 5;snow[j]. vy + = 0. 5;}
        double x = snow[j]. x + snow[j]. vx ∗ pDoc -> t + 0. 5 ∗ snow[j]. ax ∗ pDoc -> t ∗ pDoc -> t;
        double y = snow[j]. y + snow[j]. vy ∗ pDoc -> t + 0. 5 ∗ snow[j]. ay ∗ pDoc -> t ∗ pDoc -> t;
    pDC -> Ellipse(x - snow[j]. radius,y - snow[j]. radius,x + snow[j]. radius,y + snow[j]
. radius);
        }
    }
}
```

（9）编译运行窗口

编译、链接后，程序运行结果如图 6-15 所示。

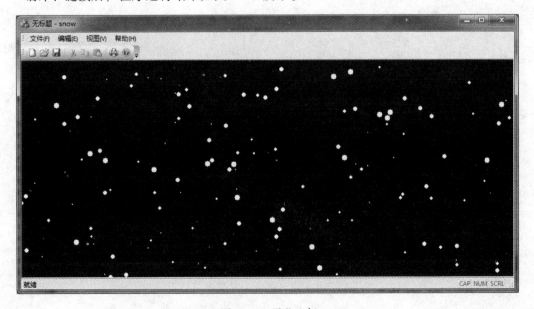

图 6-15　雪花飞舞

在上面程序中，用到了视图类中的一个函数：PreCreateWindow(CREATESTRUCT& cs)，其功能是便于实现用户自定义外观，其中关于窗口外观的具体参数由结构体变量 cs 确定。该函数在窗口创建之前调用，用户可以在该函数中修改属性 cs 来改变窗口的显示风格。

6.5　小结

本章主要介绍了游戏中的数学物理算法，包括游戏中的数学公式、游戏中的物理原理、对象的碰撞检测、粒子系统。本章中一些示例都是很简单的程序，主要让读者对游戏中的一些物理算法有一个基本的了解，希望读者通过本章的学习和查找资料，能够编写出更加实用、复杂的程序。

6.6　思考题

1. 如何判断水平面上相向运动的两球是否发生了碰撞？

2. 小球与墙壁发生碰撞后，速度如何改变（不考虑摩擦力）？

3. 两质量和大小相等的钢球在光滑水平面上相向运动，速度分别为 $v_1 = 5$ m/s，$v_2 = 10$ m/s，发生弹性碰撞后，两球的速度和大小分别是多少？

第7章 音效与音乐

对游戏等娱乐软件而言,声音是重要的要素之一。声音是游戏内涵的最佳补充,能加强游戏交互效果,可以体现网络交流特色,增强游戏的娱乐功能。如拼图游戏,如果能够添加音效和背景音乐,将会增加其趣味性。在 Windows 应用程序中,有专门处理音频和视频的控件或 API,如 MCI、DirectSound。

7.1 MCI 的基本操作

MCI(Media Control Interface)即媒体控制接口,向基于 Windows 操作系统的应用程序提供了高层次的控制媒体设备接口的能力。

本节介绍的 MCI 是将独立功能的 WAVE、MIDI 以及不具有独立功能的 CD 音源合并在一起使用的高级接口。与 DirectSound 等处理音频的 API 相比,MCI 的功能要少,处理起来也相对简单,对于简单游戏来说也是足够的。

MCI 的操作命令包括:

- 打开设备(音乐文件)。
- 对打开的设备进行播放、查询和暂停等。
- 停止。
- 关闭。

MCI 有命令消息 mciSendCommand 和命令字符串 mciSendString 两类 API,其功能一样,形式不同。本章采用 mciSendCommand 来发送命令:

```
MCIERROR mciSendCommand(
MCIDEVICEID IDDevice,          //设备 ID
UINT uMsg,                     //命令消息
DWORD fdwCommand,             //标记
DWORD_PTR dwParam            //包含命令消息参数的结构体
);
```

- uMsg 可以为:MCI_OPEN;MCI_PAUSE;MCI_PLAY;MCI_RECORD;MCI_RESUME; MCI_SEEK;MCI_STOP。
- fdwCommand 是描述命令消息的一些标志位的组合。

1. 打开:MCI_OPEN

若播放 CD,那么设备就是 CD 播放器;若是 MIDI 或 WAVE 音乐,设备就是文件本身。设备的种类是由 MCI_OPEN 的参数 MCI_OPEN_PARMS 决定的:

```
struct MCI_OPEN_PARMS{
DWORD_PTR dwCallback;                //标识窗口句柄的一个字
MCIDEVICEID wDeviceID;               //设备 ID
LPCSTR lpstrDeviceType;              //设备类型
LPCSTR lpstrElementName;             //设备(文件)路径
LPCSTR lpstrAlias;
};
```

- 当设备是 CD 时, MCI_OPEN_PARMS 的 lpstrDeviceType 设定为 "cdaudio"。
- 当打开 WAVE 文件时, MCI_OPEN_PARMS 的 lpstrDeviceType 为 "waveaudio"。
- 当打开 MIDI 文件时, MCI_OPEN_PARMS 的 lpstrDeviceType 为 "sequencer"。
- 当打开 MP3 文件时, MCI_OPEN_PARMS 的 lpstrDeviceType 为 "MPEGVideo"。

例如, 可以用如下语句实现打开一个 MIDI 音乐文件。

```
MCI_OPEN_PARMS open;
    open. lpstrDeviceType = "sequencer";
    open. lpstrElementName = m_path;
mciSendCommand(
    0, MCI_OPEN, MCI_OPEN_TYPE | MCI_OPEN_ELEMENT | MCI_WAIT, (DWORD)&open);
    Id = open. wDeviceID;
```

2. 播放: MCI_PLAY

在播放时, 要指定 MCI_PLAY 这个命令消息的参数 MCI_PLAY_PARMS, 它也是一个结构体:

```
struct MCI_PLAY_PARMS{
DWORD_PTR dwCallback;                //接受 MCI_NOTIFY 的窗口
DWORD dwFrom;                        //播放的开始位置
DWORD dwTo;                          //播放的结束位置
};
```

可以用如下代码进行音乐文件的播放:

```
MCI_PLAY_PARMS play;
play. dwCallback = (DWORD)this -> GetSafeHwnd();
mciSendCommand(Id, MCI_PLAY, MCI_NOTIFY , (DWORD)&play);
```

3. 跳转: MCI_SEEK

从当前位置跳转到任意地方, 单位为毫秒:

```
MCI_SEEK_PARMS SeekParms;
SeekParms. dwTo = (nMinute * 60 + nSecond) * 1000; mciSendCommand(m_wDeviceID, MCI_
SEEK, MCI_TO | MCI_WAIT, (DWORD)(LPVOID)&SeekParms);
```

跳到文件头：

    mciSendCommand(m_wDeviceID,MCI_SEEK,MCI_SEEK_TO_START,NULL);

跳到文件尾：

    mciSendCommand(m_wDeviceID,MCI_SEEK,MCI_SEEK_TO_END,NULL);

4. 停止：MCI_STOP

在停止时，就发出 MCI_STOP 和 MCI_CLOSE 命令消息：

    mciSendCommand(id,MCI_STOP,MCI_WAIT,0);
    mciSendCommand(id,MCI_CLOSE,MCI_WAIT,0);

5. MCI_WAIT 和 MCI_NOTIFY

在 mciSendCommand 发送命令消息时，描述命令的标记中经常出现 MCI_WAIT 或 MCI_NOTIFY 标志。

MCI 命令在执行时一般会立即返回执行结果，但有些命令要花上几分钟才能执行完成。可以使用"wait"（MCI_WAIT）flag 来指定设备等待，直到请求命令完成再返回到应用程序控制。

MCI_NOTIFY 指示设备完成一次操作后 post（邮寄）一个 MM_MCINOTIFY 信息。可以在 MM_MCINOTIFY 的处理函数来做一些相应的处理工作。

MM_MCINOTIFY 中：

- wParam = (WPARAM)wFlags。
- lParam = (LONG)lDevID。
- wFlags：MCI_NOTIFY_SUPERSEDED、MCI_NOTIFY_FAILURE、MCI_NOTIFY_SUC-CESSFUL、MCI_NOTIFY_ABORTED。

7.2 【程序示例】MIDI 音乐播放器

利用 MFC 创建一个基于对话框的应用程序，取名为"playmidi"，这个 MIDI 音乐播放器需要实现一般音乐播放器的功能，如能够实现选择、播放、停止、退出、循环播放音乐等功能。本节中设计的 MIDI 音乐播放器界面如图 7-1 所示。

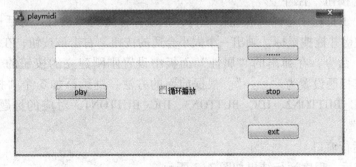

图 7-1　MIDI 音乐播放器界面

7.2.1 浏览并选择音乐文件

设计思想：单击"浏览"按钮时，就弹出文件对话框，用户可以从计算机硬盘中选取
*.mid 音乐文件，所选取的文件名就赋给 m_path。

1. 使用向导建立 MFC 应用程序框架

1）创建一个基于 MFC 的对话框应用程序。

2）编译运行窗口。编译、链接后，程序运行结果如图 7-2 所示。

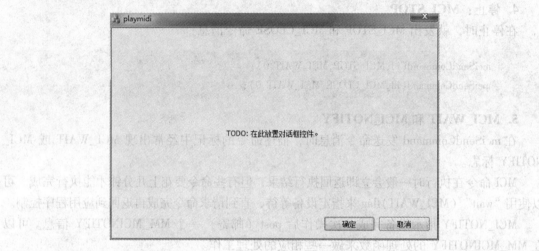

图 7-2　playmidi 应用程序运行结果

2. 设计 playmidi 窗体界面

（1）删除不用的控件

在如图 7-2 所示的窗体中，删除窗口中的所有控件。

（2）添加"编辑框"控件

在 playmidi 窗体中，从"控件"工具栏中选择"编辑框"控件，把鼠标移放到"设计"
对话框窗体的适当位置，按住鼠标左键并拖拽鼠标，画出一个大小合适的编辑框，该编辑框
用于接收音乐文件路径。右击编辑框，在弹出的快捷菜单中选择"属性"命令，在弹出的
"属性"面板中设置刚刚建立的编辑框的 ID 属性。在本例中，编辑框的 ID 就设置为默认的
ID 属性值 IDC_EDIT1。

（3）添加"按钮"控件

从"控件"工具栏中选择"按钮"控件，把鼠标移放到"设计"对话框窗体的适当位
置，按住鼠标左键并拖拽鼠标，画出一个大小合适的按钮。右击该按钮，在弹出的快捷菜单
中选择"属性"命令，在弹出的"属性"面板中设置刚刚建立的按钮的 ID 属性值 IDC_
BUTTON1，将其标题设置为"……"。根据前面的方法，继续添加 3 个"按钮"控件，其
ID 值分别为 IDC_BUTTON2、IDC_BUTTON3、IDC_BUTTON4，对应的标题设置为"play"
"stop"和"exit"。

（4）编译运行窗口

编译、链接后，程序运行结果如图 7-3 所示。

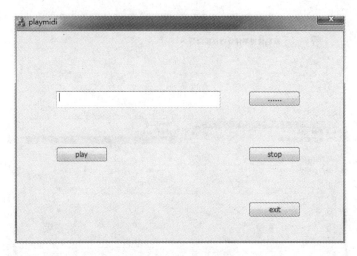

图 7-3　playmidi 窗体

3. 对按钮进行设置并设计触发的事件函数

（1）添加头文件

在对话框程序"playmidiDlg. cpp"的最前面添加头文件，代码如下。

```
#include "mmsystem. h"
#pragma comment(lib,"winmm. lib")
```

（2）声明变量

在对话框程序"playmidiDlg. h"的 class CplaymidiDlg：public CDialogEx 类中声明变量，代码如下。

```
class CplaymidiDlg：public CDialogEx
{
    …
    public：
    CString m_path；
        int Id；
    …
}
```

（3）事件处理程序向导

右击"……"按钮，在弹出的快捷菜单中选择"添加事件处理程序"命令，在弹出的"事件处理程序向导"对话框中选择触发的"消息类型"为 BN_CLICKED、"类列表"中选择 CplaymidiDlg 类、"函数处理程序名称"为默认的 OnBnClickedButton1，如图 7-4 所示。

（4）编写"添加编辑"按钮的代码

单击图 7-4 中的"添加编辑"按钮，编写函数 OnBnClickedButton1 的代码，代码如下。

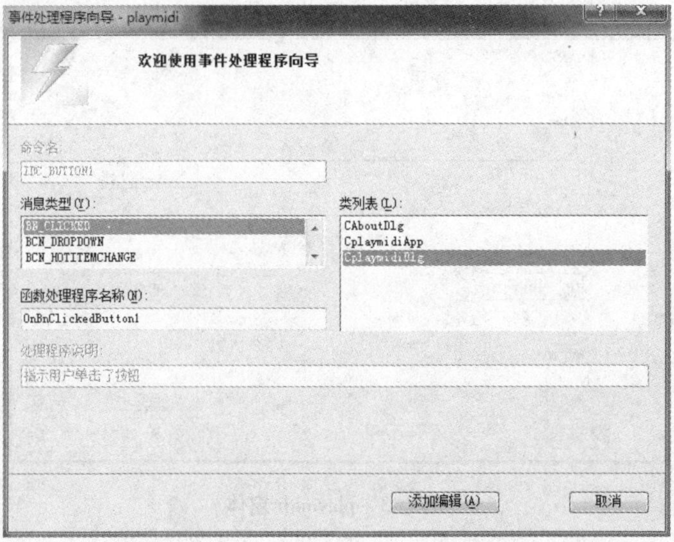

图 7-4 "事件处理程序向导"对话框

```
void CplaymidiDlg :: OnBnClickedButton1( )
{
    TCHAR szFilters[ ] = _T("MyType Files( *. mid) | *. mid; | All Files( *. * ) | *. * ‖");
    CFileDialog fileDlg(TRUE, NULL, NULL, OFN_FILEMUSTEXIST
    | OFN_HIDEREADONLY, szFilters);
    if( fileDlg. DoModal( ) == IDOK)
    {
        m_path = fileDlg. GetPathName( );
        GetDlgItem( IDC_EDIT1) -> SetWindowText( m_path);
    }
}
```

首先构造一个对象并提供相应的参数，构造函数原型如下。

```
CFileDialog :: CFileDialog( BOOL bOpenFileDialog,
                LPCTSTR lpszDefExt = NULL,
                LPCTSTR lpszFileName = NULL,
                DWORD dwFlags = OFN_HIDEREADONLY | OFN_OVERWRITEPROMPT,
                LPCTSTR lpszFilter = NULL,
                CWnd * pParentWnd = NULL );
```

参数意义如下：
- bOpenFileDialog 为 TRUE 则显示打开对话框，为 FALSE 则显示保存文件对话框。
- lpszDefExt 指定默认的文件扩展名。
- lpszFileName 指定默认的文件名。
- dwFlags 指明一些特定风格。

● lpszFilter 是最重要的一个参数，它指明可供选择的文件类型和相应的扩展名。

● pParentWnd 为父窗口指针。

lpszFilter 参数格式如："Chart Files(∗.xlc) │ ∗.xlc │ Worksheet Files(∗.xls) │ ∗.xls │ Data Files(∗.xlc; ∗.xls) │ ∗.xlc; ∗.xls │ All Files(∗. ∗) │ ∗. ∗ ‖"；文件类型说明和扩展名间用"│"分隔，同种类型文件的扩展名间可以用"；"分割，每种文件类型间用"│"分隔，末尾用"‖"指明。

（5）编写"play"按钮代码

根据前面的方法，编写函数 OnBnClickedButton2 的代码，代码如下。

```
void CplaymidiDlg::OnBnClickedButton2( )
{
    MCI_OPEN_PARMS open;
    open. lpstrDeviceType = _T("sequencer");
    open. lpstrElementName = m_path;
    mciSendCommand(0,MCI_OPEN,MCI_OPEN_TYPE
     │MCI_OPEN_ELEMENT│MCI_WAIT,(DWORD)&open);
    Id = open. wDeviceID;
    MCI_PLAY_PARMS play;
    play. dwCallback = (DWORD)this -> GetSafeHwnd( );
    mciSendCommand(Id,MCI_PLAY,MCI_NOTIFY,(DWORD)&play);
}
```

在 OnBnClickedButton2( ) 函数中，首先打开一个 midi 文件，该文件路径和文件名为 m_path，其由"浏览"打开的文件对话框指定，并已显示在编辑框。打开文件后，将会返回文件的 ID，我们在程序中设定一个变量 Id 来保存其值，此后，mciSendCommand 就会针对该 Id 来发送命令消息。

（6）编写"stop"按钮代码

根据前面的方法，编写函数 OnBnClickedButton3 的代码，代码如下。

```
void CplaymidiDlg::OnBnClickedButton3( )
{
    mciSendCommand(Id,MCI_STOP,MCI_WAIT,0);
    mciSendCommand(Id,MCI_CLOSE,MCI_WAIT,0);
}
```

（7）编写"exit"按钮代码

根据前面的方法，编写函数 OnBnClickedButton4 的代码，代码如下。

```
void CplaymidiDlg::OnBnClickedButton4( )
{
    CDialog::OnCancel( );
}
```

（8）编译运行窗口

编译、链接后，在"playmidi"窗口中单击"浏览"按钮，将弹出"打开"对话框，从中可以选择将要播放的音乐，如图7-5所示。

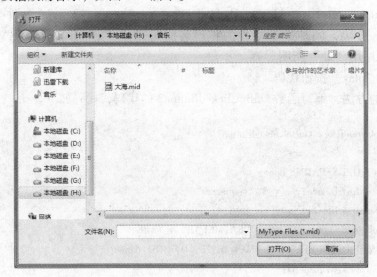

图7-5 "打开"对话框

（9）播放音乐

选择一首音乐，单击图7-5中的"打开"按钮，"playmidi"对话框中的"编辑框"控件中将出现如图7-6所示的文字。单击"play"按钮，将播放音乐；单击"stop"按钮，将停止播放音乐；单击"exit"按钮，将退出程序。

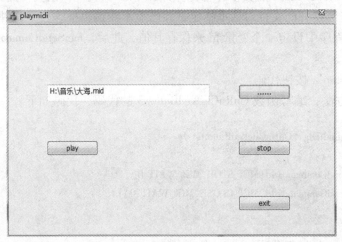

图7-6 "playmidi"对话框

至此，一个MIDI音乐播放器应用程序的设计基本完成。这个应用程序很简单，还没有实现循环播放的功能，将在下一节中继续完善该程序。

7.2.2 循环播放的实现

所谓循环，就是在音乐播完之后，能够从头开始再播放一遍。这里就有一个问题，如何知道音乐播放完毕？事实上，在前面的播放代码中 mciSendCommand（Id，MCI_PLAY，MCI_ NOTIFY，（DWORD）&play），MCI_NOTIFY 是指示播放后 post 一个 MM_MCINOTIFY 信息，表示是否成功播放，或者是被暂停，或者播放失败等。依靠 play 命令中的 MCI_NOTIFY 标志，我们可以在程序中添加一个处理 MM_MCINOTIFY 消息的接口函数，在该函数中检查是否播放成功，若成功，则根据复选框的状态决定是否循环播放。

现在我们继续接着上一节的 playmidi 程序，使得音乐能够循环播放。

（1）添加"复选框"控件

在 playmidi 窗体中，从"控件"工具栏中选择"复选框"控件，把鼠标移放到"设计"对话框窗体的适当位置，按住鼠标左键并拖拽鼠标，画出一个大小合适的复选框。右击复选框，在弹出的快捷菜单中选择"属性"命令，在弹出的"属性"面板中设置刚刚建立的复选框的 ID 属性。在本例中，复选框的 ID 就设置为默认的属性值 IDC_CHECK1，其标题设置为"循环播放"。

（2）添加消息接口

在对话框程序"playmidiDlg. h"的 class CplaymidiDlg：public CDialogEx 类中声明变量，代码如下。

```
class CplaymidiDlg：public CDialogEx
{
  …
  public：
  afx_msg LRESULTOnMciNotify（WPARAM wParam，LPARAM lParam）；……
}
```

（3）添加消息映射

在对话框程序"playmidiDlg. cpp"源文件的 BEGIN_MESSAGE_MAP（）和 END_MESSAGE_MAP（）之间添加如下代码：

```
BEGIN_MESSAGE_MAP（CplaymidiDlg，CDialogEx）
    …
    ON_MESSAGE（MM_MCINOTIFY，OnMciNotify）
END_MESSAGE_MAP（）
```

（4）编写"循环播放"代码

在对话框程序"playmidiDlg. cpp"中添加 OnMciNotify 的执行体，代码如下：

```
LRESULT CPlayMidiDlg∷OnMciNotify（WPARAM wParam，LPARAM lParam）
{
  if（wParam == MCI_NOTIFY_SUCCESSFUL）
  {
    CButton * pButton =（CButton * ）GetDlgItem（IDC_CHECK1）；
    if（pButton –> GetCheck（） == TRUE）
    {
```

```
            MCI_PLAY_PARMS play;
            play. dwCallback = (DWORD)this -> GetSafeHwnd();
            mciSendCommand(Id,MCI_SEEK,
            MCI_SEEK_TO_START | MCI_WAIT,0);
            mciSendCommand(Id,MCI_PLAY,MCI_NOTIFY,(DWORD)&play);
        }
    }
    return 0;
}
```

（5）编译运行窗口

编译、链接后，程序运行结果如图 7-7 所示。

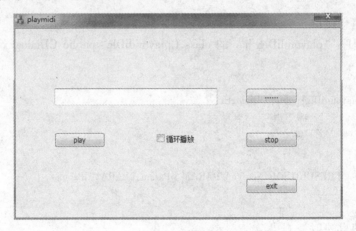

图 7-7　playmidi 应用程序的运行结果

（6）循环播放音乐

在图 7-7 中，单击"浏览"按钮，选择一首音乐，选择"循环播放"复选框，单击"play"按钮，将实现音乐的循环播放，如图 7-8 所示。

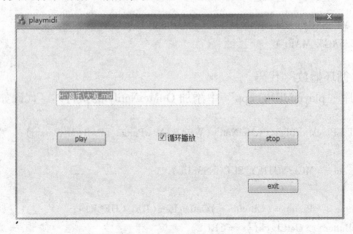

图 7-8　音乐的循环播放

MM_MCINOTIFY 消息不是 MFC 中的标准消息，所以 MFC 的编程向导中没有对该消息的处理接口，需要用户自己添加。

7.3 播放 WAV 和 MP3 文件

播放 WAVE 格式的音乐与播放 MIDI 音乐的处理过程相似，仅仅是在打开文件时，若文件是 WAV 格式，lpstrDeviceType 为"waveaudio"；而当打开 MP3 文件时，lpstrDeviceType 为"MPEGVideo"。所以，可以在浏览文件时，增加一个变量来获取所读文件的格式名，在打开文件时依格式名来给 lpstrDeviceType 赋对应值。

现在修改前面的 playmidi 程序，使之能够播放 WAV 和 MP3 文件。

1. 声明变量

在对话框程序"playmidiDlg. h"的 class CplaymidiDlg：public CDialogEx 类中声明变量，代码如下。

```
class CplaymidiDlg：public CDialogEx
{
    …
    public：
    CStringm_type；
    …
}
```

2. 修改"浏览"按钮代码

在对话框程序"playmidiDlg. cpp"的 void CplaymidiDlg∷OnBnClickedButton1()函数中修改代码，代码如下。

```
void CplaymidiDlg∷OnBnClickedButton1()
{
    TCHAR szFilters[ ] = _T("MyType Files(*.mid;*.wav;*.mp3)│*.mid;*.wav;*
    .mp3│All Files(*.*)│*.*‖");
    CFileDialog fileDlg(TRUE, NULL, NULL, OFN_FILEMUSTEXIST│OFN_HIDEREADONLY, sz-
    Filters);
    if(fileDlg. DoModal() == IDOK)
    {
        m_path = fileDlg. GetPathName();
        m_type = fileDlg. GetFileExt();
        GetDlgItem(IDC_EDIT1) -> SetWindowText(m_path);
    }
}
```

3. 修改"play"按钮代码

在对话框程序"playmidiDlg. cpp"的 void CplaymidiDlg∷OnBnClickedButton2()函数中修

改代码，代码如下。

```
void CplaymidiDlg∷OnBnClickedButton2()
{
    OnBnClickedButton3();
    MCI_OPEN_PARMS open;
    if(m_type == _T("wav"))
    open.lpstrDeviceType = _T("waveaudio");
    else if(m_type == _T("mp3"))
    open.lpstrDeviceType = _T("MPEGVideo");
    else if(m_type == _T("mid"))
    open.lpstrDeviceType = _T("sequencer");
    open.lpstrElementName = m_path;
    mciSendCommand(0, MCI_OPEN, MCI_OPEN_TYPE
     | MCI_OPEN_ELEMENT | MCI_WAIT, (DWORD)&open);
    Id = open.wDeviceID;
    MCI_PLAY_PARMS play;
    play.dwCallback = (DWORD)this -> GetSafeHwnd();
    mciSendCommand(Id, MCI_PLAY, MCI_NOTIFY,
     (DWORD)&play);
}
```

4. 编译运行窗口

编译、链接后，程序可以播放 WAV 和 MP3 文件。

7.4 封装 MCI 的常用功能

在面向对象程序设计中，任何事物都可以抽象为类，每个类都有自己的属性和方法。这样的设计思想，有利于封装；这样设计的代码结构清晰，也可减少重复编码，难度也可控。可以把 MCI 对音频的处理功能也封装为一个类，这样在其他应用程序中，只需要调用 MCI 提供的接口即可实现音乐播放。

添加类的属性和成员，代码如下。

```
class CMyMCI
{
    public:
    CMyMCI();
    virtual ~ CMyMCI();
    public:
    DWORD ID;
    DWORD play(CWnd * pWnd, CString path);
    void replay(CWnd * pWnd, DWORD id);
```

```
        void stop( DWORD id) ;
    } ;
```

在"MyMCI. h"文件中添加头文件，代码如下。

```
#include " mmsystem. h"
#pragma comment( lib, " winmm. lib" )
```

给成员函数添加函数体，代码如下。

```
DWORD CMyMCI :: play( CWnd * pWnd, CString m_path)
{
    MCI_OPEN_PARMS open;
    int i = m_path. Find( '. ') ;
    CString type = m_path. Right( m_path. GetLength( ) - i - 1) ;
    if( type == _T( " wav" ) )
        open. lpstrDeviceType = _T( " waveaudio" ) ;
    else if( type == _T( " mp3" ) )
        open. lpstrDeviceType = _T( " MPEGVideo" ) ;
    else if( type == _T( " mid" ) )
        open. lpstrDeviceType = _T( " sequencer" ) ;
    open. lpstrElementName = m_path;
    mciSendCommand( 0, MCI_OPEN, MCI_OPEN_TYPE | MCI_OPEN_ELEMENT |
    MCI_WAIT, ( DWORD) &open) ;
    ID = open. wDeviceID;
    MCI_PLAY_PARMS play;
    play. dwCallback = ( DWORD) pWnd - > GetSafeHwnd( ) ;
    mciSendCommand( ID, MCI_PLAY, MCI_NOTIFY, ( DWORD) &play) ;
    return ID;
}
void CMyMCI :: replay( CWnd * pWnd, DWORD id)
{
    MCI_PLAY_PARMS play;
    play. dwCallback = ( DWORD) pWnd - > GetSafeHwnd( ) ;
    mciSendCommand( ID, MCI_SEEK, MCI_SEEK_TO_START | MCI_WAIT, 0) ;
    mciSendCommand( ID, MCI_PLAY, MCI_NOTIFY, ( DWORD) &play) ;
}
void CMyMCI :: stop( DWORD id)
{
    mciSendCommand( ID, MCI_STOP, MCI_WAIT, 0) ;
    mciSendCommand( ID, MCI_CLOSE, MCI_WAIT, 0) ;
}
```

在 play(CWnd * pWnd,CString m_path) 函数中，m_path 是音乐文件的路径名 + 文件名。如 m_path = _T("e:\mymusic\china rose. mp3")。在 MCI_OPEN 命令中，不仅要把 m_path 赋给 MCI_OPEN 的命令参数：open. lpstrElementName = m_path；还要根据音乐文件的类型选择不同的设备类型。如何由 m_path 得到音乐的类型？

CString 类

- CStringT Right(int nCount);取一个字符串中最右边的 nCount 个字符。

```
CString s = "abcdef";
CString s1 = s. Right(2);
```

- int Find(CString pszSub,int iStart = 0);在一个字符串中寻找一个字符或子串的首位置。

```
CString s = "abcdef";
int i1 = s. Find('c');
int i2 = s. Find("de");
CString str = "The waves are still";
int n = str. Find('e',5);
```

- int GetLength();返回字符串的长度。

得到音乐文件的类型：m_path = _T("e:\mymusic\china rose. mp3");如何取出类型？我们知道，字符 '.' 之后的子字符串是类型名，所以可以做如下处理：

```
int i = m_path. find('.');
int j = m_path. GetLength() - i - 1;
CString type = m_path. Right(j);
```

有了这个类，直接先声明类的对象，再调用类的成员函数就可以实现播放音乐了。如果想在程序中实现重复播放，则必须在程序中添加响应 MM_MCINOTIFY 消息的接口。

在类视图的头文件中添加 CMyMCI 类的对象。在使用音乐的地方直接按如下格式添加代码。

```
CMyMCI mci;
CString music3 = _T("cg. wav");
id = mci. play(this,music3);
```

7.5 小结

本章主要简述了 MCI 的基本操作，如何制作 MIDI 音乐播放器，怎样播放 WAV 和 MP3 文件，以及封装 MCI 的常用功能。

7.6 思考题

1. 简述游戏音效和音乐的区别。
2. 什么是 MCI？

第8章 捉猴子游戏的设计与开发

游戏是日常生活的表征，包含丰富的快乐体验，是有规则的活动。总之，游戏都是由人们设计并通过一定的方法将其实现出来的。

本章将做一个捉猴子游戏程序，设计思想是，猴子会随机出现在游戏界面，在给定的时间内，如果击中猴子，则该猴子立即"变脸"，并将不再逃跑；如果没有击中猴子，猴子将会逃走，随机出现在另外一个位置上。该游戏是一个非常简单的应用程序，不涉及复杂的算法，也没有涉及大量的代码。

8.1 【程序示例】简化游戏的设计与开发

本节只分析仅一只猴子的情形。一个小猴子，随机出现在某个位置，在一个给定的时间内，玩家可以单击该猴子，若击中，则该小猴子立即"变脸"，在给定时间结束时，若玩家还没有击中，该小猴子就会逃走，随机出现在另外的位置。

8.1.1 导入图片

CBitmap 是 MFC 中的一个位图类，提供了一些对位图操作的函数，可以实现把位图导入程序、在特定的位置显示图形，还可以对图形进行缩放旋转等。LoadBitmap 是 CBitmap 类封装的主要函数，其功能是从应用程序的资源中装入位图资源，并将其与 CBitmap 对象连接。

1. 使用向导建立 MFC 应用程序框架

创建一个基于 MFC 的单文档应用程序。

2. 导入图片

（1）添加资源

选择"资源视图"选项卡，右击 catchme. rc，在弹出的快捷菜单中选择"添加资源"命令，在弹出的对话框中选择"Bitmap"选项，将 h1. bmp 位图和 h2. bmp 位图添加到资源中。

（2）设置位图 ID 号

导入的位图默认的 ID 号分别为：IDB_BITMAP1 、IDB_BITMAP2，如图 8-1 所示。

图 8-1 导入的位图 ID

3. 显示位图

（1）声明变量

在文件 catchmeDoc. h 的 CcatchmeDoc：public CDocument 函数中声明变量，代码如下。

```
class CcatchmeDoc : public CDocument
{
    …
    public :
        CBitmap bitmap1 , bitmap2 ;
            int x , y ;
    CPoint position ;
    …
}
```

（2）初始化变量

在文件 catchmeDoc. cpp 的 CcatchmeDoc :: CcatchmeDoc（）构造函数中初始化变量，代码如下。

```
CcatchmeDoc :: CcatchmeDoc( )
{
    bitmap1. LoadBitmap( IDB_BITMAP1 ) ;
    bitmap2. LoadBitmap( IDB_BITMAP2 ) ;
    BITMAP bm ;
    bitmap1. GetBitmap( &bm ) ;
    x = bm. bmWidth ;
    y = bm. bmHeight ;
    srand( ( unsigned) time( NULL ) ) ;
    position. x = rand( ) % 800 ;
    position. y = rand( ) % 300 ;
}
```

（3）显示图片

在文件 catchmeView. cpp 的 CcatchmeView :: OnDraw（CDC * pDC）函数中添加如下代码。

```
void CcatchmeView :: OnDraw( CDC * pDC)
{
    …
    CDC dc ;
    dc. CreateCompatibleDC( pDC) ;
    dc. SelectObject( &pDoc -> bitmap1 ) ;
    pDC -> StretchBlt( pDoc -> position. x , pDoc -> position. y , pDoc -> x ,
    pDoc -> y ,&dc ,0 ,0 ,pDoc -> x ,pDoc -> y ,SRCCOPY) ;
}
```

（4）编译运行窗口

编译、链接后，程序运行结果如图 8-2 所示。

146

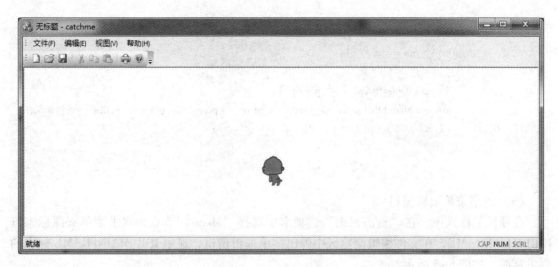

图 8-2　显示"小猴子"

8.1.2　设计菜单及工具栏

菜单是用户界面的组成部分。在 MFC 中，CMenu 类封装了 Windows 的菜单功能，它提供了多个方法用于创建、修改、合并菜单。

工具栏是应用程序界面的重要组成元素之一，它包含一组命令按钮，用于执行某些菜单的功能。通常情况下，将菜单中的常用功能放置在工具栏中，可以方便用户操作，省去了在级联菜单中一层层查找菜单项的麻烦。在 MFC 类库中，CToolBar 类封装了工具栏的基本功能。

1. 菜单栏的设计

（1）添加变量

根据前面的方法，添加变量：

```
bool    run;
```

并在其构造函数中初始化变量：

```
run = false;
```

（2）修改显示位图代码

在文件 catchmeView. cpp 的 CcatchmeView ∷ OnDraw(CDC ∗ pDC)函数中修改代码，如下所示。

```
void CcatchmeView ∷ OnDraw( CDC ∗ pDC)
{
    …
    CDC dc;
```

```
            dc. CreateCompatibleDC( pDC) ;
       if( pDoc -> run == true)
          {
            dc. SelectObject( &pDoc -> bitmap1) ;
            pDC -> StretchBlt( pDoc -> position. x, pDoc -> position. y, pDoc -> x, pDoc -> y, &dc,0,
       0, pDoc -> x, pDoc -> y, SRCCOPY) ;
          }
       }
```

（3）使用菜单编辑窗口

在项目工作区中，在"资源视图"选项卡中选择"Menu"节点，双击菜单资源标志符 IDR_MAINFRAME，在文件编辑浏览区中弹出菜单编辑窗口，显示 IDR_MAINFRAME 标志的菜单资源，如图 8-3 所示。

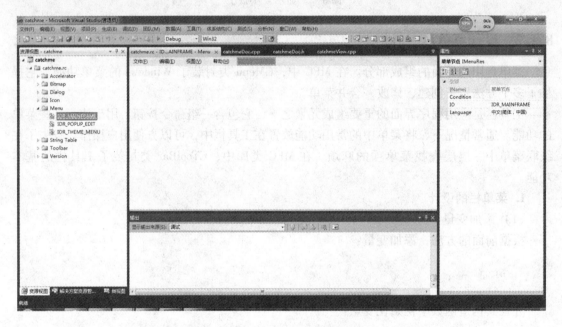

图 8-3　菜单编辑窗口

（4）添加菜单项

在菜单编辑窗口中选择菜单栏后面的空白虚线区域，在其中添加"游戏"选项，并在"游戏"菜单下添加一个新的子菜单项"开始"，在属性窗口中，将其 ID 设置为 ID_ RUN，如图 8-4 所示。

（5）添加菜单函数

在"MFC 类向导"对话框中，在"类名"下拉列表中选择"CcatchmeView"，在"消息"中选择"ID_RUN"和"COMMAND"，然后单击"添加处理程序"按钮，会弹出"添加成员函数"对话框，单击"确定"按钮即完成了菜单函数的添加，如图 8-5 所示。

图 8-4　添加菜单项

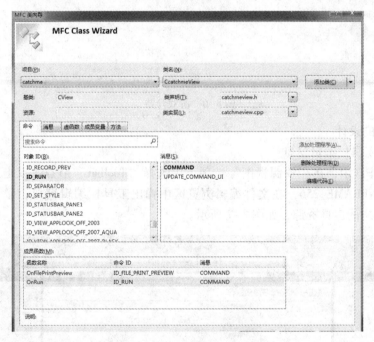

图 8-5　"MFC 类向导"对话框

（6）功能实现

为了使小猴子随机出现在界面的任意位置，在文件 catchmeView. cpp 的 CcatchmeView ::
OnRun（）函数中添加如下代码。

```
void CcatchmeView :: OnRun( )
{
    CcatchmeDoc *  pDoc = GetDocument( ) ;
```

```
pDoc -> run = true ;
srand( ( unsigned ) time( NULL ) ) ;
pDoc -> position. x = rand( ) % 800 ;
pDoc -> position. y = rand( ) % 300 ;
pDoc -> UpdateAllViews( NULL ) ;
}
```

（7）编译运行窗口

编译、链接后，选择"游戏"→"开始"命令，小猴子会随机出现在界面的任意位置，如图 8-6 所示。

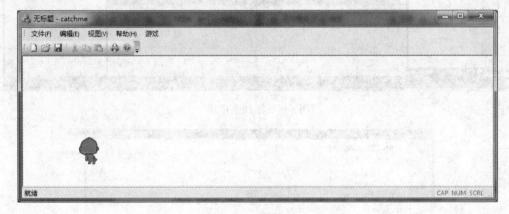

图 8-6　游戏开始

2. 工具栏的设计

（1）使用工具栏编辑窗口

在项目工作区中，在"资源视图"选项卡中选择"Toolbar"节点，双击工具栏资源标志符 IDR_MAINFRAME_256，在文件编辑浏览区中弹出工具栏编辑窗口，显示 IDR_MAIN-FRAME_256 标志的工具资源，如图 8-7 所示。

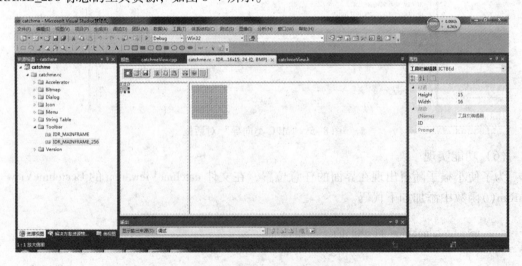

图 8-7　工具栏编辑窗口

（2）添加工具按钮

在工具栏编辑窗口中选择工具栏中最后一个空白按钮，然后利用工具面板上提供的绘图工具设计按钮的外观，将其 ID 设置为 ID_RUN，如图 8-8 所示。

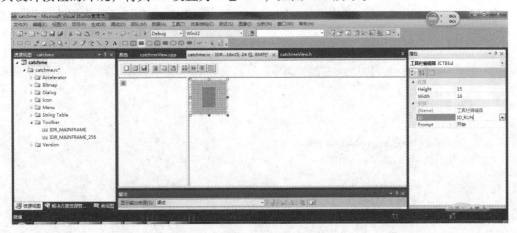

图 8-8　添加工具按钮

（3）编译运行窗口

编译、链接后，程序运行结果如图 8-9 所示。单击"开始"按钮，游戏开始。

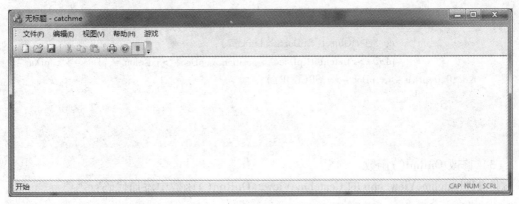

图 8-9　程序运行窗口

8.1.3　添加鼠标事件与时钟事件

在计算机与人的交互过程中，常用的输入设备有鼠标、系统时钟等，这里将用到 WM_LBUTTONDOWN、WM_TIMER 相对应的鼠标单击事件、时钟事件来实现相应的功能。

1. 添加鼠标单击事件

（1）添加变量

根据前面的方法，声明变量：

```
int flag;
```

并在其构造函数中初始化变量：

```
flag = 0;
```

（2）修改 OnDraw（CDC * pDC）函数中的代码

在文件 catchmeView. cpp 的 CcatchmeView∷OnDraw(CDC * pDC)函数中修改代码，如下所示。

```
void CcatchmeView∷OnDraw(CDC * pDC)
{
    …
    CDC dc;
        dc. CreateCompatibleDC(pDC);
    if(pDoc -> run == true)
    {
        if(pDoc -> flag == 0)
        {
                dc. SelectObject(&pDoc -> bitmap1);
                pDC -> StretchBlt(pDoc -> position. x, pDoc -> position. y, pDoc -> x, pDoc -> y,
&dc,0,0,pDoc -> x,pDoc -> y,SRCCOPY);
        }
        else
        {
                dc. SelectObject(&pDoc -> bitmap2);
                pDC -> StretchBlt(pDoc -> position. x, pDoc -> position. y, pDoc -> x, pDoc -> y,
&dc,0,0,pDoc -> x,pDoc -> y,SRCCOPY);
        }
    }
}
```

（3）修改 OnRun( )函数

在文件 catchmeView. cpp 的 CcatchmeView∷OnRun( )函数中添加代码：

```
pDoc -> flag = 0;
```

（4）添加鼠标事件

在"MFC 类向导"对话框中，在"类名"下拉列表中选择"CcatchmeView"，在"消息"中选择"WM_LBUTTONDOWN"，单击"添加处理程序"按钮。

（5）功能实现

在文件 catchmeView. cpp 的 CcatchmeView∷OnLButtonDown(UINT nFlags,CPoint point)函数中添加如下代码。

```
void CcatchmeView∷OnLButtonDown(UINT nFlags,CPoint point)
{
    CcatchmeDoc * pDoc = GetDocument();
    CRect rc;
```

```
            rc. SetRect( pDoc -> position. x,pDoc -> position. y,pDoc -> position. x + pDoc -> x,pDoc -> po-
        sition. y + pDoc -> y);
            if( rc. PtInRect( point)&&pDoc -> flag == 0)
            pDoc -> flag = 1;
            pDoc -> UpdateAllViews( NULL);
            CView :: OnLButtonDown( nFlags,point);

        }
```

（6）编译运行窗口

编译、链接后，进入游戏界面，单击"开始"按钮，当单击中猴子时，猴子变脸，如图 8-10 所示。

图 8-10　猴子被点击后变脸

2. 添加时钟事件

（1）添加变量
根据前面的方法，声明变量：

```
    int t,t0;
```

并在其构造函数中初始化变量：

```
    t = 0;t0 = 20;
```

（2）修改 OnDraw（CDC ∗ pDC）函数中的代码
在文件 catchmeView. cpp 的 CcatchmeView :: OnDraw(CDC ∗ pDC)函数中修改代码，如下所示。

```
    void CcatchmeView :: OnDraw( CDC ∗  pDC)
    {
        …
        CDC dc;
        dc. CreateCompatibleDC( pDC);
```

```
            if( pDoc -> run == true)
            {
                if( pDoc -> t < pDoc -> t0)
                {
                    if( pDoc -> flag == 0)
                    {
                        dc. SelectObject( &pDoc -> bitmap1);
                        pDC -> StretchBlt( pDoc -> position. x, pDoc -> position. y, pDoc -> x, pDoc ->
y, &dc, 0, 0, pDoc -> x, pDoc -> y, SRCCOPY);
                    }
                    else
                    {
                        dc. SelectObject( &pDoc -> bitmap2);
                        pDC -> StretchBlt( pDoc -> position. x, pDoc -> position. y, pDoc -> x, pDoc ->
y, &dc, 0, 0, pDoc -> x, pDoc -> y, SRCCOPY);
                    }
                }
                else
                {
                    pDoc -> t = 0;
                    if( pDoc -> flag == 0)
                    {
                        srand( ( unsigned) time( NULL ) );
                        pDoc -> position. x = rand( )%800;
                        pDoc -> position. y = rand( )%300;
                        dc. SelectObject( &pDoc -> bitmap1);
                        pDC -> StretchBlt( pDoc -> position. x, pDoc -> position. y, pDoc -> x,
pDoc -> y, &dc, 0, 0, pDoc -> x, pDoc -> y, SRCCOPY);
                    }
                    else
                    {
                        dc. SelectObject( &pDoc -> bitmap2);
                        pDC -> StretchBlt( pDoc -> position. x, pDoc -> position. y, pDoc -> x,
pDoc -> y, &dc, 0, 0, pDoc -> x, pDoc -> y, SRCCOPY);
                    }
                }
            }
        }
```

（3）修改 OnRun( )函数

在文件 catchmeView. cpp 的 CcatchmeView :: OnRun( )函数中添加代码:

```
SetTimer( 1, 50, NULL);
```

（4）添加鼠标事件

在"MFC 类向导"对话框中，在"类名"下拉列表中选择"CcatchmeView"，在"消息"中选择"WM_TIMER"，单击"添加处理程序"按钮。

（5）功能实现

在文件 catchmeView. cpp 的 CcatchmeView∷OnTimer（UINT_PTR nIDEvent）函数中添加如下代码。

```
void CcatchmeView∷OnTimer( UINT_PTR nIDEvent)
{
    CcatchmeDoc * pDoc = GetDocument( );
    pDoc -> t ++ ;
    pDoc -> UpdateAllViews( NULL) ;
    CView∷OnTimer( nIDEvent) ;
}
```

（6）编译运行窗口

编译、链接后，进入游戏界面，单击"开始"按钮，猴子将在界面的不同位置随机出现，击中猴子后，猴子将停留原地，变成笑脸，不再逃跑。

8.1.4 判断输赢

对玩家来说，游戏要具有一定的娱乐性与一定的挑战性，才会有刺激感，才会让玩家对游戏感兴趣。因而在设计游戏时，需要设定在规定的时间内，将游戏完成，才能判定游戏玩家赢得此次游戏。

1. 添加变量

根据前面的方法，声明变量：

```
int t1 ;
```

并在其构造函数中初始化变量：

```
t1 = 0 ;
```

2. 修改 OnTimer(UINT_PTR nIDEvent) 函数代码

在文件 catchmeView. cpp 的 CcatchmeView∷OnTimer（UINT_PTR nIDEvent）函数中修改代码，如下所示。

```
void CcatchmeView∷OnTimer( UINT_PTR nIDEvent)
{
    CcatchmeDoc * pDoc = GetDocument( );
    pDoc -> t ++ ;
    pDoc -> t1 ++ ;
    if( pDoc -> t1 > 60)
```

```
        {
            if( pDoc -> flag == 0 )
            {
                KillTimer( 1 );
                MessageBox( _T( "you lost the game" ) );
                pDoc -> run = false;
            }
        }
        else
        {
            if( pDoc -> flag == 1 )
            {
                KillTimer( 1 );
                MessageBox( _T( "you won the game" ) );
                pDoc -> run = false;
            }
        }
        pDoc -> UpdateAllViews( NULL );
        CView :: OnTimer( nIDEvent );
    }
```

3. 修改 OnRun( )函数

在文件 catchmeView. cpp 的 CcatchmeView :: OnRun( )函数中添加代码：

```
    pDoc -> t = 0;
    pDoc -> t1 = 0;
```

4. 编译运行窗口

编译、链接后，进入游戏界面，单击"开始"按钮，游戏开始，若在规定的时间内击中猴子，将赢得此次游戏，结果如图 8-11 所示；若在规定的时间内没有击中猴子，将输掉此次游戏，结果如图 8-12 所示。

图 8-11　游戏获胜界面

图 8-12 游戏失败界面

8.2 【程序示例】捉猴子游戏的设计与开发

在此节中，将加大游戏设计的复杂度，分析多只猴子出现的情形。多只猴子随机出现在多个位置，玩家可以用鼠标左键来单击猴子，在给定的时间内，若猴子全部被击中，变成"笑脸"，将赢得此次游戏；在给定时间结束时，若还有猴子没被击中，将输掉此次游戏。

8.2.1 主程序与对话框的数据交换方法

对话框是一种窗口，包含按钮和各种选项，通过它们可以完成特定命令或任务。是人机交流的一种方式，用户对对话框进行设置，计算机就会执行相应的命令。设置游戏难度级别可调，即猴子数量和时间间隔可预设，则需添加对话框来设置主程序中的猴子数量，以及时间间隔。

1. 添加对话框

（1）添加资源

选择"资源视图"选项卡，右击"catchme. rc"，在弹出的快捷菜单中选择"添加资源"命令，在弹出的对话框中右击"Dialog"选项，在弹出的快捷菜单中选择"插入 Dialog（E）"命令，结果如图 8-13 所示。

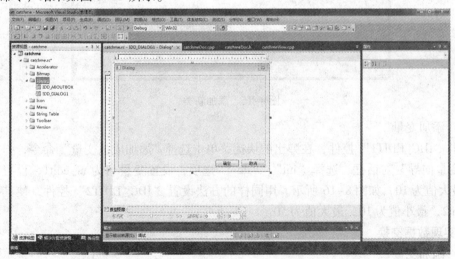

图 8-13 添加 Dialog 资源

（2）添加控件

在对话框中加入两个静态文本控件和一个编辑文本控件，如图 8-14 所示。

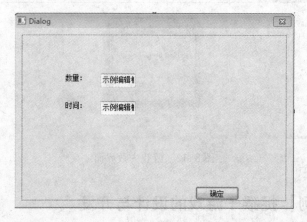

图 8-14　在 Dialog 界面中添加控件

（3）添加新类

在"MFC 添加类向导"对话框中输入类名"CSET"，如图 8-15 所示。

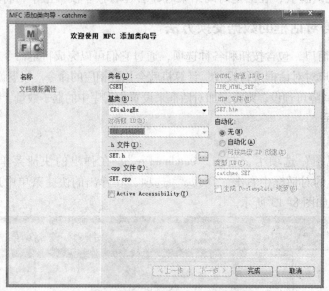

图 8-15　添加新类

（4）添加变量

右击"IDC_EDIT1"控件，在弹出的快捷菜单中选择"添加成员变量"命令，弹出"添加成员变量向导"对话框，选择"int""value"选项，设置变量名为 m_edit1，设置最小值为 1，最大值为 10，如图 8-16 所示。用同样的方法设置"IDC_EDIT2"控件，使其变量名为 m_edit2，最小值为 10，最大值为 50。

2. 实现数据交换

（1）添加变量

根据前面的方法，添加变量：

```
int n;
```

并在其构造函数中初始化变量：

```
n = 1;
```

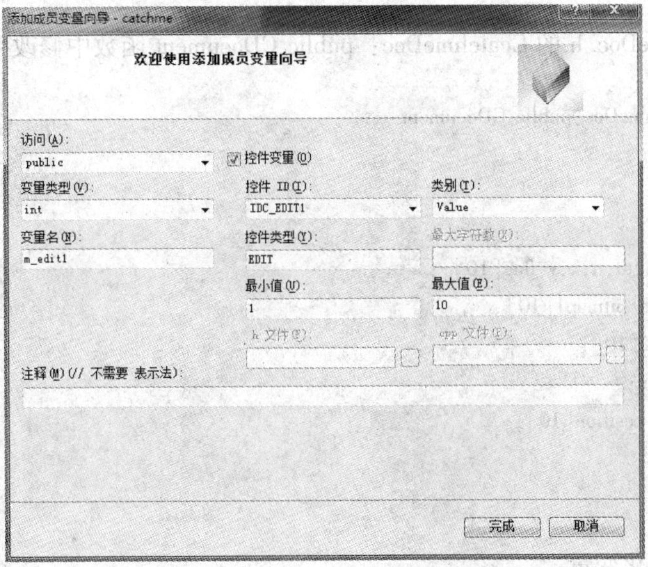

图 8-16 "添加成员变量向导"对话框

（2）添加菜单命令

根据前面的方法，在"游戏"菜单下增加"设置"子菜单，ID 号为 ID_SET，添加菜单函数 OnSet( )函数。

（3）功能实现

在文件 catchmeView. cpp 中加入头文件：

```
#include "SET. h"
```

并在 CcatchmeView∷OnSet( )函数中添加如下代码。

```
void CcatchmeView∷OnSet( )
{
    CcatchmeDoc * pDoc = GetDocument( );
    CSET set;
    if( IDOK == set. DoModal( ) )
    {
        pDoc -> n = set. m_edit1;
        pDoc -> t1 = set. m_edit2;
    }
}
```

8.2.2 数据管理——数组

在游戏中，要实现有多只猴子的情形，则需要声明数组或链表来分别记录每只猴子的位置，分别记录每只猴子的选中状态。这里将用到数组来实现这一功能。

1. 显示位图

（1）修改变量

在文件 catchmeDoc.h 的 CcatchmeDoc：public CDocument 函数中修改变量，代码如下。

```
class CcatchmeDoc：public CDocument
{
    …
    public：
    int t,t1,t0,n,x,y,flag[10];;
    CBitmap bitmap1[10],
    bitmap2[10];
    bool run;
    CPoint position[10];
    …
}
```

（2）修改初始化变量

在文件 catchmeDoc.cpp 的 CcatchmeDoc∷CcatchmeDoc()构造函数中初始化变量，代码如下。

```
CcatchmeDoc∷CcatchmeDoc()
{
    t = 0;
    n = 10;
    t0 = 20;
    t1 = 0;
    run = false;
    srand((unsigned)time(NULL));
    for(int i = 0;i < 10;i ++)
    {
        position[i].x = rand()%800;
        position[i].y = rand()%400;
    }
    for(int i = 0;i < 10;i ++)
        bitmap1[i].LoadBitmapW(IDB_BITMAP1);
    for(int i = 0;i < 10;i ++)
        bitmap2[i].LoadBitmapW(IDB_BITMAP2);
```

```
        for( int i = 0; i < 10; i ++ )
            flag[ i ] = 0;
        BITMAP bm1;
        bitmap1[ 0 ]. GetBitmap( &bm1 );
        x = bm1. bmWidth;
        y = bm1. bmHeight;
    }
```

（3）修改 OnDraw(CDC ＊ pDC)函数代码

在文件 catchmeView. cpp 的 CcatchmeView ∷ OnDraw(CDC ＊ pDC)函数中修改代码，如下所示。

```
    void CcatchmeView ∷ OnDraw( CDC ＊ pDC)
    {
        …
        CDC dc;
        dc. CreateCompatibleDC( pDC );
        if( pDoc –> run == true)
        {
            if( pDoc –> t < pDoc –> t1)
            {
            for( int i = 0; i < pDoc –> n; i ++ )
            {
                if( pDoc –> flag[ i ] ==0)
                {
                    dc. SelectObject( &pDoc –> bitmap1[ i ]);
                    pDC –> StretchBlt( pDoc –> position[ i ]. x, pDoc –> position[ i ]. y, pDoc –> x,
pDoc –> y, &dc, 0, 0, pDoc –> x, pDoc –> y, SRCCOPY);
                }
                else
                {
                    dc. SelectObject( &pDoc –> bitmap2[ i ]);
                    pDC –> StretchBlt( pDoc –> position[ i ]. x, pDoc –> position[ i ]. y, pDoc –> x,
pDoc –> y, &dc, 0, 0, pDoc –> x, pDoc –> y, SRCCOPY);
                }
            }
            }
        }
        else
        {
            pDoc –> t = 0;
            srand( ( unsigned)time( NULL ) );
            for( int i = 0; i < pDoc –> n; i ++ )
```

```
                {
                    if( pDoc -> flag[ i ] = =0 )
                    {
                        pDoc -> position[ i ]. x = rand( ) %800 ;
                    pDoc -> position[ i ]. y = rand( ) %400 ;
                    }
                }
                for( int i = 0 ; i < pDoc -> n ; i ++ )
                if( pDoc -> flag[ i ] = =0 )
                {
                    dc. SelectObject( &pDoc -> bitmap1[ i ] ) ;
                        pDC -> StretchBlt( pDoc -> position[ i ]. x , pDoc -> position[ i ]. y , pDoc -> x ,
pDoc -> y , &dc ,0 ,0 , pDoc -> x , pDoc -> y , SRCCOPY ) ;
                }
                else
                {
                    dc. SelectObject( &pDoc -> bitmap2[ i ] ) ;
                    pDC -> StretchBlt( pDoc -> position[ i ]. x , pDoc -> position[ i ]. y , pDoc -> x , pDoc ->
y , &dc ,0 ,0 , pDoc -> x , pDoc -> y , SRCCOPY ) ;
                }
            }
        }
    }
}
```

（4）修改 OnRun( )函数代码

在文件 catchmeView. cpp 的 CcatchmeView :: OnRun( )函数中修改代码，如下所示。

```
    void CcatchmeView :: OnRun( )
    {
        CcatchmeDoc * pDoc = GetDocument( ) ;
        pDoc -> run = true ;
        SetTimer( 1 ,50 , NULL ) ;
        srand( ( unsigned )time( NULL ) ) ;
        for( int i = 0 ; i < pDoc -> n ; i ++ )
        {
            pDoc -> position[ i ]. x = rand( ) %800 ;
            pDoc -> position[ i ]. y = rand( ) %400 ;
        }
        for( int i = 0 ; i < pDoc -> n ; i ++ )
            pDoc -> flag[ i ] = 0 ;
        pDoc -> t = 0 ;
```

```
                    pDoc -> t1 = 0;
                    pDoc -> UpdateAllViews( NULL);
            }
```

（5）修改 OnLButtonDown（UINT nFlags，CPoint point）函数代码

在文件 catchmeView. cpp 的 CcatchmeView∷OnLButtonDown(UINT nFlags,CPoint point) 函数中修改代码，如下所示。

```
        void CcatchmeView∷OnLButtonDown( UINT nFlags,CPoint point)
        {
            CcatchmeDoc * pDoc = GetDocument( );
            for( int i = 0; i < pDoc -> n; i ++ )
            {
                CRect rc;
                rc. SetRect( pDoc -> position[ i]. x,pDoc -> position[ i]. y,pDoc -> position[ i]. x + pDoc -
        > x,pDoc -> position[ i]. y + pDoc -> y);
                if( rc. PtInRect( point)&&pDoc -> flag[ i] == 0)
                { pDoc -> flag[ i] = 1;break;}
            }
            pDoc -> UpdateAllViews( NULL);
            CView∷OnLButtonDown( nFlags,point);
        }
```

（6）修改 OnTimer（UINT_PTR nIDEvent）函数代码

在文件 catchmeView. cpp 的 CcatchmeView∷OnTimer(UINT_PTR nIDEvent) 函数中修改代码，如下所示。

```
        void CcatchmeView∷OnTimer( UINT_PTR nIDEvent)
        {
            CcatchmeDoc * pDoc = GetDocument( );
            pDoc -> t ++ ;
            pDoc -> t0 ++ ;
            if( pDoc -> t0 > 60)
            {
                int i;
                for( i = 0; i < pDoc -> n; i ++ )
                {
                    if( pDoc -> flag[ i] == 0)
                        break;
                }
                if( i < pDoc -> n)
                {
```

```
                    KillTimer(1);
                    MessageBox(_T("you lost the game"));
                    pDoc -> run = false;
                }
            }
            else
            {
                int i;
                for(i = 0;i < pDoc -> n;i++)
                {
                    if(pDoc -> flag[i] ==0)
                        break;
                }
                if(i == pDoc -> n)
                {
                    KillTimer(1);
                    MessageBox(_T("you won the game"));
                    pDoc -> run = false;
                }
            }
            pDoc -> UpdateAllViews(NULL);
            CView :: OnTimer(nIDEvent);
        }
```

（7）编译运行窗口

编译、链接后，进入游戏界面，单击"开始"按钮，游戏开始，如图 8-17 所示。若在规定时间内，没有全部击中猴子，将输掉此次游戏，如图 8-18 所示。可以通过对话框设置猴子的数量，设置时间长度，如图 8-19 所示。在规定的时间内，全部击中猴子，将赢得此次游戏，如图 8-20 所示。

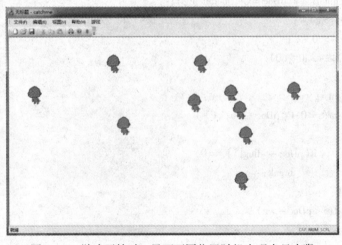

图 8-17　游戏开始时，界面不同位置随机出现十只小猴

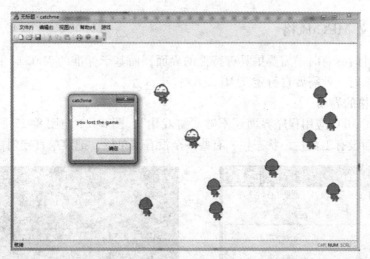

图 8-18 游戏失败

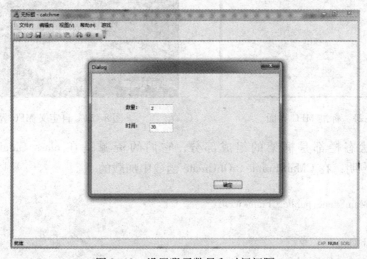

图 8-19 设置猴子数量和时间间隔

图 8-20 游戏获胜

8.2.3 自定义 MFC 风格

在程序设计时，有时候需要更具有特性的界面，而基于标准的 MFC 应用程序框架的结构不能满足要求时，就需要自行定义 MFC 风格。

1. 游戏风格的界面

我们的通用 MFC 应用程序界面还不够"游戏化"，图 8-21 与图 8-22 所示为 SDI 界面相比，游戏界面没有工具栏、状态栏，有些甚至没有菜单栏，把菜单直接列在界面中。

图 8-21　标准 MFC 界面

图 8-22　自定义 MFC 界面

工具栏、状态栏都是框架的组成部分，它们的资源是在 class CMainFrame: public CFrameWnd 中声明，在 CMainFrame::OnCreate 函数中加载的。

```cpp
class CMainFrame:public CFrameWnd
{
    public:
    virtual ~CMainFrame();
    protected:
    CStatusBar m_wndStatusBar;          //状态栏
    CToolBar m_wndToolBar;              //工具栏
    protected:
    afx_msg int OnCreate(LPCREATESTRUCT
    lpCreateStruct);
}

int CMainFrame::OnCreate(LPCREATESTRUCT lpCreateStruct)
{
    if(CFrameWnd::OnCreate(lpCreateStruct) == -1)
    return -1;
    if(! m_wndToolBar.CreateEx(this,TBSTYLE_FLAT,WS_CHILD |
    WS_VISIBLE | CBRS_TOP | CBRS_GRIPPER | CBRS_TOOLTIPS |
```

```
        CBRS_FLYBY | CBRS_SIZE_DYNAMIC)
        ‖！m_wndToolBar. LoadToolBar(IDR_MAINFRAME))
        { return – 1;}
        if(！m_wndStatusBar. Create(this)
        ‖！m_wndStatusBar. SetIndicators(indicators,
        sizeof(indicators)/sizeof(UINT)))
        { return – 1;}
        m_wndToolBar. EnableDocking(CBRS_ALIGN_ANY);
        EnableDocking(CBRS_ALIGN_ANY);
        DockControlBar(&m_wndToolBar);
        return 0;
    }
```

如果不想要工具栏或状态栏，则直接在 CMainFrame 的 OnCreate( )函数中将工具栏（m_wndToolBar）和状态栏（m_wndStatusBar）的相关代码去掉，结果如图 8-23 所示。

一般说来，大多 VC 编写的游戏是有菜单的。如果功能比较简单，菜单都不想用，可以进行如下操作：

在 OnCreate 函数中添加 SetMenu（NULL），就得到没有菜单的应用程序。BOOL SetMenu（CMenu * pMenu）中，若 pMenu 为 NULL，则当前菜单被移除。

若还不满足，希望界面更干净，欲去掉标题栏，则可以在 OnCreate（）函数中添加：

```
ModifyStyle(WS_CAPTION,0);
```

函数 virtual BOOL ModifyStyle（DWORD dwRemove，DWORD dwAdd，UINT nFlags）中：

- dwRemove：欲删除的样式。
- dwAdd：欲添加的样式。
- nFlags：Window positioning flags，即修改前与修改后窗口的位置大小关系，可以不用。

去掉菜单和标题后的界面如图 8-24 所示。

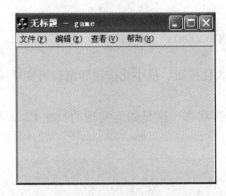

图 8-23　无工具栏和状态栏的 MFC 界面

图 8-24　最简化的 MFC 界面

2. 大小固定的界面

用户可以拖动边框来更改目前生成的应用程序的界面大小。对于游戏和某些应用程序，其界面大小要求是固定的。让界面大小固定的方法可能很多，这里介绍两种方法。

（1）利用 ModifyStyle（）函数来实现

在 Windows Style 中，WS_THICKFRAME 样式可以使得窗口能被改变大小。我们可以在 OnCreate（）函数中添加：

```
ModifyStyle(WS_THICKFRAME,0);
```

再试试看，窗口大小能否被改变？既然窗口大小不能再改变，那么窗口右上角的最大/最小按钮也就没有必要存在，用同样的方法，将它们去掉：

```
ModifyStyle(WS_MAXIMIZEBOX,0),ModifyStyle(WS_MINIMIZEBOX,0);
```

（2）在 CMainFrame∷PreCreateWindow（）函数中实现

PreCreateWindow（）函数是为创建窗口前初始化工作提供的接口。函数 virtual BOOL PreCreateWindow（CREATESTRUCT& cs）中，CREATESTRUCT 是描述窗口初始化信息的数据结构，其原型如下。

```
struct CREATESTRUCT{ LPVOID lpCreateParams;
                     HANDLE hInstance;
                     HMENU hMenu;
                     HWND hwndParent;
                     int cy;int cx;
                     int y;int x;
                     LONG style;
                     LPCSTR lpszName;
                     LPCSTR lpszClass;
                     DWORD dwExStyle;
}
```

在 PreCreateWindow（）函数中添加：

```
cs. style & = ~(WS_THICKFRAME | WS_MAXIMIZEBOX | WS_MINIMIZEBOX);
```

上述语句表示，在窗口样式中，将取消最大化按钮、最小化按钮和窗口可变样式。

3. 全屏显示

在某些游戏中，游戏一开始就出现的是全屏状态，这是如何实现的？在 CMainFrame∷OnCreate（）函数中添加如下代码。

```
ShowWindow(SW_SHOWMAXIMIZED);
CRect rect;
GetWindowRect(&rect);
::SetWindowPos(this -> m_hWnd,HWND_NOTOPMOST,
rect. left,rect. top,rect. right - rect. left,
```

```
rect. bottom − rect. top,
SWP_FRAMECHANGED);
```

函数 BOOL ShowWindow（int nCmdShow） 的功能是设置窗口的可见性，其中 nCmdShow
可以为：

- SW_HIDE。
- SW_MINIMIZE。
- SW_RESTORE。
- SW_SHOW。
- SW_SHOWMAXIMIZED。
- SW_SHOWMINIMIZED。
- SW_SHOWMINNOACTIVE。
- SW_SHOWNA。
- SW_SHOWNOACTIVATE。
- SW_SHOWNORMAL。

函数 BOOL SetWindowPos(HWND hWnd, HWND hWndInsertAfter, int X, int Y, int cx, int cy,
UINT uFlags) 的功能是设置窗口的位置，其中，hWndInsertAfter 可以为：

- HWND_BOTTOM。
- HWND_NOTOPMOST。
- HWND_TOP。
- HWND_TOPMOST。

uFlags 可以为：SWP_DRAWFRAME 或 SWP_NOSIZE。

同时可以把最大化按钮和最小化按钮去掉，这样程序一开始就得到了一个全屏的界面。

8.3　小结

本章所编写的捉猴子游戏程序是一个简单的应用程序，没有复杂的逻辑结构，也没有很
复杂的编码，编写该程序的目的在于，希望读者通过学习本章的内容，能够自己设计编写一
些小游戏。

第9章 拼图游戏的设计与开发

拼图游戏适用范围很广，老少皆宜。该游戏不仅可锻炼动手能力、观察能力，而且还可培养人与人之间的协作能力。

拼图游戏可分为摆放式和挪动式两种类型。本章主要根据传统的挪动式拼图游戏，设计一种在计算机上运行的拼图游戏。本拼图游戏以 C++ 语言为开发语言在计算机上实现拼图游戏。C++ 脚本语言的优势很明显，大多数的游戏都是基于 C++ 语言开发的。

9.1 拼图游戏分析

9.1.1 背景介绍

早期的拼图游戏是制作在硬纸板上的，将图片粘贴在硬纸板上，然后把它剪成不规则的小碎片。用户需要将分散零碎的图片拼成一张完整的大图，零碎图片越多，难度越大。随着电子游戏的发展，出现了新的玩法，它将图片分割为 N×N 个正方形格子，将最右下角的格子置为空白，其余格子随机打乱，空白格子可以和上下左右的格子交换位置，要求利用空白格子将图像还原。本章所讲解的拼图游戏属于后者。

拼图游戏不仅可以帮助成人打发时间，还可以锻炼儿童脑力，帮助少儿开发大脑思维。

9.1.2 需求分析

1. 功能需求

拼图游戏需要实现的功能：通过鼠标点击移动每一小块图片，每次只允许移动一块，最终要求拼出和导入图片一致的图像，并且要求记录完成游戏所需的步数和时间，用户在拼图过程中，可以参考原图进行拼图游戏。也可以设置游戏的难易程度，选择不同的图片。

2. 界面需求

界面原则要求：美观、简洁、实用。

3. 其他需求

安全性高，设计完整。

9.2 拼图游戏的界面设计

拼图游戏的界面设计原则要求美观、简洁、实用。由于要将拼图游戏写成一个应用程序，所以需要设计游戏的框架和菜单。游戏的框架采用标准的 Windows 框架，在上面有标题栏、菜单栏、工具栏，方便玩家控制游戏。菜单栏包括游戏的开始、选择图片、选择等级等控制菜单；中间是图像的显示；最下边是显示游戏的基本信息。本章将设计的拼图游戏界面如图9-1所示。

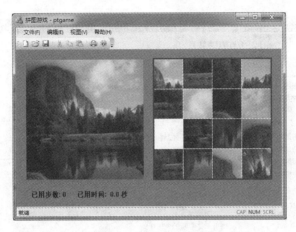

图9-1　拼图游戏界面

9.3 【程序示例】拼图游戏的开发

9.3.1　改变标题

文档标题是由工程中相应的文档类所控制的，了解这一点，就可在相应的文档类中，利用SetTitle（）函数来改变文档标题。下面通过一个实例来介绍如何改变文档标题。

1. 使用向导建立 MFC 应用程序框架

（1）新建项目

在"新建项目"对话框中选择"MFC"→"MFC 应用程序"选项，并输入项目名称ptgame，如图9-2所示。

图9-2　"新建项目"对话框

（2）使用"MFC 应用程序向导"

在"MFC 应用程序向导"对话框中选择"单个文档"和"MFC 标准"单选按钮，如图 9-3 所示。

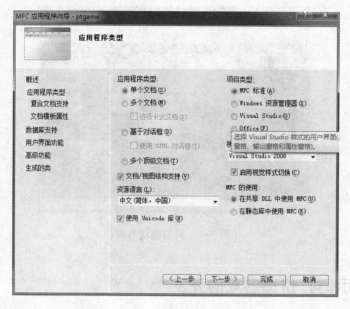

图 9-3 "MFC 应用程序向导"对话框

（3）生成类

向导将生成 4 个类：CptgameView、CptgameApp、CptgameDoc 和 CMainFrame，如图 9-4 所示。

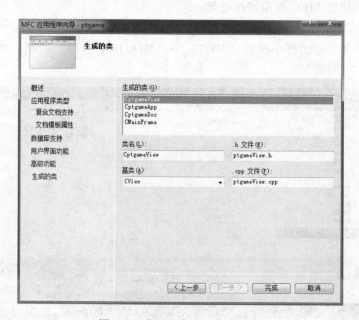

图 9-4 应用程序向导生成的类

（4）应用程序框架

最后得到应用程序框架如图 9-5 所示。

图 9-5　MFC 应用程序框架

（5）编译运行窗口

利用 MFC 向导建立应用程序 ptgame 的框架后，用户无须编写任何代码，就可以对程序进行编译、链接，生成一个基本的应用程序。

2. 在应用程序框架中添加代码

前面我们应用 MFC 的向导生成了一个应用程序的框架。但一般情况下，用户应根据程序需要完成功能要求，对应用程序框架添加一些代码，以实现应用程序的功能。

在本例中，要求修改文档标题，这就需要在成员函数 CptgameDoc∷OnNewDocument 中添加修改文档标题的代码。

在文件 ptgameDoc. cpp 的 CptgameDoc∷OnNewDocument( )函数中加入如下代码。

```
BOOL CptgameDoc∷OnNewDocument( )
{
    if( !CDocument∷OnNewDocument( ))
        return FALSE;
    SetTitle(_T("拼图游戏"));
    return TRUE;
}
```

编译、链接后，程序运行结果如图 9-6 所示，生成窗口的标题栏显示"拼图游戏"。

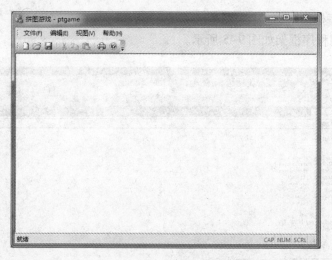

图 9-6 修改文档标题后的应用程序运行的结果

9.3.2 导入图片

CBitmap 是 MFC 中的一个位图类，提供了一些对位图操作的函数，可以实现把位图导入程序、在特定的位置显示图形，还可以对图形进行缩放旋转等。LoadBitmap 是 CBitmap 类封装的主要函数，其功能是从应用程序的资源中装入位图资源，并将其与 CBitmap 对象连接。

1. 导入位图

（1）添加资源

选择"资源视图"选项卡，右击"ptgame. rc"，在弹出的快捷菜单中选择"添加资源"命令，在弹出的"添加资源"对话框中选择"Bitmap"选项，如图 9-7 所示。

图 9-7 "添加资源"对话框

（2）导入位图

在"导入"对话框中选择"ptgame. bmp"选项，导入的位图默认的 ID 号为：IDB_BIT-MAP1。

2. 显示图片

（1）使用 OnDraw(CDC * pDC)函数

在文件 ptgameView.cpp 的 CptgameView::OnDraw(CDC * pDC)函数中添加如下代码。

```
void CptgameView::OnDraw(CDC * pDC)
{
    CptgameDoc * pDoc = GetDocument();
    ASSERT_VALID(pDoc);
    if(!pDoc)
        return;
    CBitmap bt;
    bt.LoadBitmap(IDB_BITMAP1);
    CDC dc;
    dc.CreateCompatibleDC(pDC);
    dc.SelectObject(&bt);
    pDC->StretchBlt(20,20,256,256,&dc,0,0,256,256,SRCCOPY);
}
```

（2）编译运行窗口

编译、链接后，程序运行结果如图9-8所示。

图9-8 导入位图后的应用程序的运行结果

9.3.3 分割图片

最常见的拼图游戏是导入一张图片，然后将该图片分隔成3×3、4×4或5×5等一系列小图片。拼图游戏首先遇到的一个问题就是分割图片，即将图片上的不同方块显示到窗口的不同位置。

前面讲过的 StretchBlt 函数具有这样的功能：能够仅显示图片的某一块，并且可以将其显示到屏幕的任意位置，即显示框的位置和大小可变。由此，可以利用该函数实现分割图片的功能。

1. 显示分割图

（1）分割图片

在文件 ptgameView. cpp 的 CptgameView∷OnDraw(CDC ∗ pDC)函数中继续添加如下代码：

```
for( int i = 0 ; i < 4 ; i + + )
    for( int j = 0 ; j < 4 ; j + + )
        pDC - > StretchBlt( 300 + 64 ∗ j , 20 + 64 ∗ i , 64 , 64 , &dc , 64 ∗ j , 64 ∗ i , 64 , 64 , SRCCOPY ) ;
//分割图片
```

编译、链接后，程序运行结果如图 9-9 所示。

图 9-9　分割图片后应用程序的运行结果

在上述程序中，显示了两幅图片，其中右边一副是左图的分割图，但是，我们看不出分割的效果，原因是各分块小图之间没有留缝隙，显示不出分割的效果。为了实现分隔效果，可以采用如下两种方法：

- 显示区域不变，缩小图片。
- 图片大小不变，放大显示区域。

（2）显示缝隙

在文件 ptgameView. cpp 的 CptgameView∷ OnDraw （CDC ∗ pDC） 函数中修改代码，修改后的代码如下。

```
void CptgameView∷OnDraw( CDC ∗ pDC )
{
    …
    for( int i = 0 ; i < 4 ; i + + )
    for( int j = 0 ; j < 4 ; j + + )
    pDC - > StretchBlt( 300 + 64 ∗ j , 20 + 64 ∗ i , 63 , 63 , &dc , 64 ∗ j , 64 ∗ i , 64 , 64 ,
    SRCCOPY ) ; //分割图片
}
```

编译、链接后，程序运行结果如图9-10所示。

图9-10 显示分割图

在上述程序中，显示了两幅图片，但不够美观。为了显得美观，我们可以用矩形框将分割图片包裹起来。

2. 美化图片

为了显示矩形框，在文件 ptgameView. cpp 的 CptgameView：：OnDraw（CDC ∗ pDC）函数中继续添加如下代码。

```
void CptgameView::OnDraw(CDC ∗ pDC)
{
    …
    CPen pen(PS_SOLID,3,RGB(0,0,155));
    pDC -> SelectObject(&pen);
    pDC -> Rectangle(298,18,557,277);
    …
}
```

编译、链接后，程序运行结果如图9-11所示。

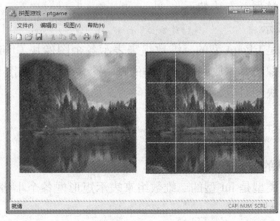

图9-11 美化后的应用程序运行结果

177

9.3.4 打乱图像顺序

拼图游戏要求在分割的时候，能够将图片顺序打乱，然后随机放在某个位置。在分割后，通常会将原图片右下角的一块去掉，以留下挪动的空间。

如图 9-12 所示，将原图分割为 $4 \times 4 = 16$ 个小图片，如何实现将某一个图像块随机放到某一个位置上？

图 9-12　将原图分割成图像块

对于图像上的每一小块 (i, j)，其目标位置都是一个矩形框中的某一个随机位置，如图 9-13 所示。

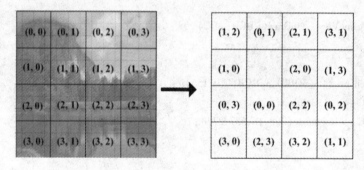

图 9-13　将图像块随机放置在某个位置上

要实现这个随机的过程，方法如下。

1. 图像块的数据表示

可以设计一个类型是 CPoint 型的二维数组来表示各个图像块 CPoint picture[4][4]。它可以用来表示将某个图像块具体放到矩形框中的哪一个位置上。如图 9-14 所示，左图中的图像块与右图中的图像块相对应，可表示为：

```
picture[1][2] = CPoint(2,1);
```

2. 矩形框各个小格的数据表示

可以设计一个数据类型是 int 型的二维数组来表示矩形框各个小格的数据信息：

```
int grid[4][4];
```

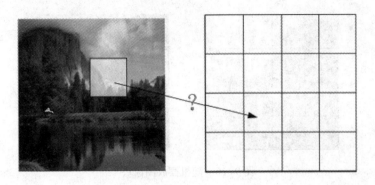

图 9-14　左、右图中相对应的图像块

它记录矩形框的某个小格上放的是哪一个图像块（0～15），如图 9-15 所示。

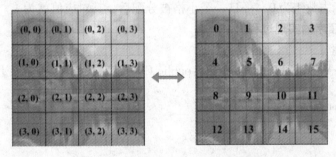

图 9-15　为每个图像块设置对应的信息

3. 随机摆放的实现

有了前面的数据表示方法，我们就可以在分割图片的时候，实现图片在矩形框内随机摆放。对于任一图像块 picture(i,j)，给其随机分配一个 [0, 15] 之间的整数，该整数对应于矩形框上的一个小格位置，例如：

```
int pos = rand( )%16;
```

当 i = 1；j = 0 时，pos = rand( )%16 = 11，则其对应的行列数为：

```
x = pos/4 = 2;
y = pos%4 = 3;
```

因此，picture[1][0] = CPoint(2,3)；

```
grid[x][y] = i*4+j = 4;
```

即将图像块 4 放到 grid[2][3] 的位置，如图 9-16 所示。

4. 避免生成重复的随机数

在产生随机数的过程中，可能会有这样的情况，即图像块（1，2）已位于位置 9；在之后的过程中，对于图像块（2，3）也可能又会生成随机数 9，而此时位置 9 已被占用，为了解决这个问题，可以设置一个标志数据来记录矩形框中某个小格是否被占用：

图 9-16 随机摆放图像块

```
int flag[16];
```

初始情况下，该标志数组为 0，一旦一个小格被分配后，其对应值就为 1。

5. 打乱图像顺序的实现过程

（1）声明变量

在文件 ptgameView. h 的 CptgameView：public CView 函数中声明变量，代码如下。

```
class CptgameView：public CView
{
    …
    Pubulic：
    CPoint picture[4][4];
    int grid[4][4];
    int flag[16];
    …
}
```

（2）初始化变量

在文件 ptgameView. cpp 的 CptgameView：：CptgameView( )构造函数中初始化变量，代码如下。

```
CptgameView：：CptgameView( )
{
    for( int i = 0；i < 4；i ++ )
        for( int j = 0；j < 4；j ++ )
                grid[i][j] = -1；
    for( int j = 0；j < 16；j ++ )
        flag[j] = 0；
    srand( ( unsigned)time( NULL ) )；
    for( int i = 0；i < = 3；i ++ )          // i,j 表示图像块在整个图像中的位置
        for( int j = 0；j < = 3；j ++ )
        {
                int pos = rand( ) % 16；
                while( flag[pos] == 1)
                pos = rand( ) % 16；
```

```
        flag[ pos ] = 1 ;
        int x = pos/4 ;          // x 表示对应小格在矩形框中的所在行
        int y = pos%4 ;          // y 表示对应小格在矩形框中的所在列
        picture[ i ][ j ] = CPoint( x,y ) ;
        grid[ x ][ y ] = i * 4 + j ;
     }
  }
```

（3）显示图片

在文件 ptgameView. cpp 的 CptgameView∷OnDraw(CDC ∗ pDC)函数中修改代码，修改后的代码如下。

```
void CptgameView∷OnDraw( CDC ∗ pDC)
{
    CptgameDoc ∗ pDoc = GetDocument( ) ;
    ASSERT_VALID( pDoc) ;
    if( ! pDoc)
        return ;
    CBitmap bt ;
    bt. LoadBitmap( IDB_BITMAP1) ;
    CPen pen( PS_SOLID,3,RGB(0,0,155)) ;
    pDC –> SelectObject( &pen) ;
    pDC –> Rectangle( 298,18,557,277) ;
    CDC dc ;
    dc. CreateCompatibleDC( pDC) ;
    dc. SelectObject( &bt) ;
    pDC –> StretchBlt( 20,20,256,256,&dc,0,0,256,256,SRCCOPY) ;//原图
    for( int i = 0;i < 4;i ++ )
        for( int j = 0;j < 4;j ++ )
    pDC > StretchBlt( 300 + picture[ i ][ j ]. y * 64,20 + picture[ i ][ j ]. x * 64,63,63,&dc,j * 64,i *
64,64,64,SRCCOPY) ;
}
```

编译、链接后，程序运行结果如图 9-17 所示。

（4）不显示图像块 picture[3][3]

为了不显示图像块 Picture[3][3]，首先需要对 Picture[3][3]不进行初始化。在文件 ptgameView. cpp 的 CptgameView∷CptgameView( )构造函数中添加代码，代码如下。

```
CptgameView∷CptgameView( )
{
    ...
    for( int i = 0;i < = 3;i ++ ) // i,j 表示图像块在整个图像中的位置
```

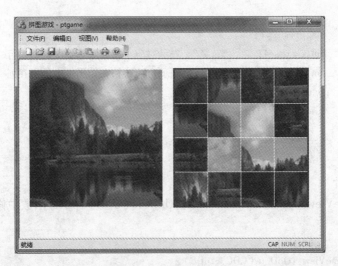

图 9-17　打乱图片顺序

```
        for( int j = 0 ; j <= 3 ; j ++ )
        {
          if( i == 3&&j == 3 )  break;
          ...
        }
    }
```

然后，在显示图像块时，不显示 picture［3］［3］。在文件 ptgameView. cpp 的 Cptgame-View：:OnDraw（CDC ＊ pDC）函数中添加如下代码。

```
    void CptgameView:OnDraw( CDC ＊ pDC)
    {
        ...
        for( int i = 0 ; i < 4 ; i ++ )
          for( int j = 0 ; j < 4 ; j ++ )
          {
            if( i == 3&&j == 3 )
            break;
            pDC > StretchBlt( 300 + picture[ i ][ j ]. y ＊ 64,20 + picture[ i ][ j ]. x ＊ 64,63,63,&dc,j ＊
            64,i ＊ 64,64,64,SRCCOPY) ;
          }
    }
```

编译、链接后，程序运行结果如图 9-18 所示。

图 9-18　不显示图像块 picture[3][3]

9.3.5　添加鼠标事件

一般是通过单击来玩游戏的，所以要给游戏添加鼠标事件。在游戏区单击后，需要判断鼠标点在哪一个矩形框上并返回该矩形框小格的行列序号。通过一个函数判断该矩形框周围是否有空位，若有空位就移过去，若移过去之后，所得图形跟原图一致，游戏结束。

1. 添加鼠标事件的实现过程

（1）声明变量

在文件 ptgameView. h 的 CptgameView：public CView 函数中声明变量，代码如下。

```
class CptgameView：public CView
{
    …
    Pubulic：
    int x,y,px,py;
    …
}
```

（2）添加判断所单击图像块的周围是否有空位的方法

在"添加方法"对话框中设置返回类型为"bool"项，设置函数名称为"IsHasEmpty-Neighbor"，设置其他参数如图 9-19 所示。单击"确定"按钮，将添加 IsHasEmptyNeighbor（）函数。

（3）判断所选矩形框周围是否有空位

在文件 ptgameView. cpp 的 CptgameView：:IsHasEmptyNeighbor(int x，int y，int & px，int & py）函数中添加如下代码。

```
bool CpingtuView：:IsHasEmptyNeighbor( int x,int y,int & px,int & py)
{
```

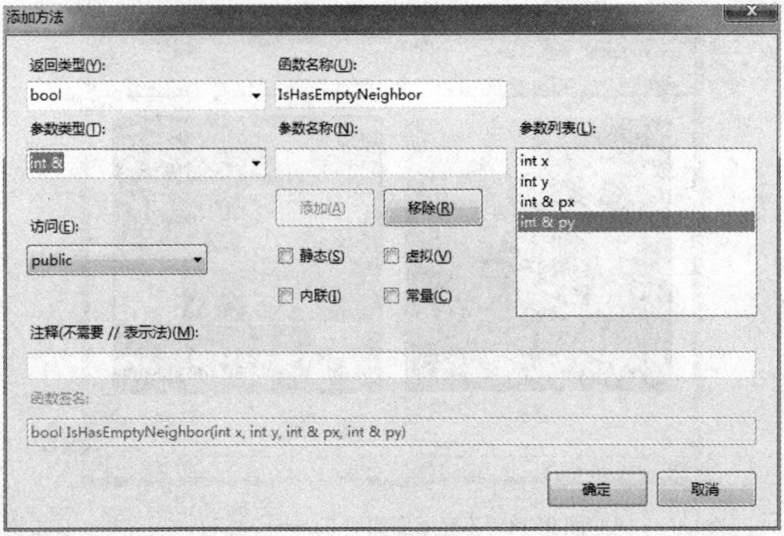

图 9-19 "添加方法" 对话框

```
if( x - 1 >= 0 && grid[ x - 1 ][ y ] == -1)
{
px = x - 1; py = y;
return true;
}
if( x + 1 <= 3 && grid[ x + 1 ][ y ] == -1)
{
px = x + 1; py = y;
return true;
}
if( y - 1 >= 0 && grid[ x ][ y - 1 ] == -1)
{
px = x; py = y - 1;
return true;
}
if( y + 1 <= 3 && grid[ x ][ y + 1 ] == -1)
{
px = x; py = y + 1;
return true;
}
return false;
}
```

（4）添加鼠标响应函数

在 "MFC 类向导" 对话框中在 "消息" 中双击 "WM_LBUTTONDOWN" 项，如图 9-20 所示。单击 "编辑代码" 按钮，将添加 OnLButtonDown( ) 函数。

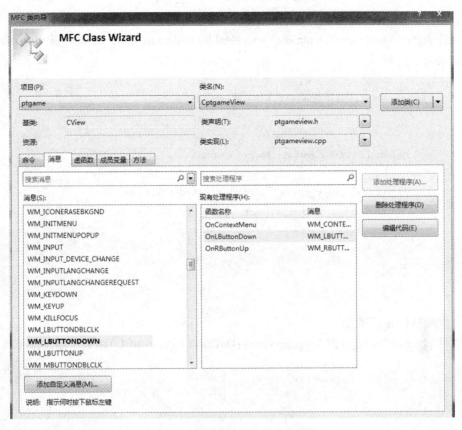

图 9-20　添加鼠标响应函数

（5）判断鼠标落点位于哪一个矩形框

在文件 ptgameView. cpp 的 CptgameView∷OnLButtonDown(UINT nFlags,CPoint point）函数中加入如下代码。

```
void CptgameView∷OnLButtonDown( UINT nFlags,CPoint point)
{
    CptgameDoc * pDoc = GetDocument( );
    for( int i = 0;i < 4;i ++ )
        for( int j = 0;j < 4;j ++ )
        {
            CRect rc;
            rc. SetRect( 300 + 64 * j,20 + 64 * i,300 + 64 * j + 64,20 + 64 * i + 64);
            if( rc. PtInRect( point))
            { x = i; y = j; break; }
        }
    pDoc -> UpdateAllViews( NULL);
    CView∷OnLButtonDown( nFlags,point);
}
```

（6）移动图片

在文件 ptgameView. cpp 的 CptgameView：：OnLButtonDown(UINT nFlags，CPoint point)函数中继续加入如下代码。

```
void CptgameView：：OnLButtonDown( UINT nFlags，CPoint point)
{
    …
    if( IsHasEmptyNeighbor( x,y,px,py) == true)
    {
        picture[ grid[ x][ y]/4][ grid[ x][ y]%4] = CPoint( px,py) ;
        grid[ px][ py] = grid[ x][ y] ;
        grid[ x][ y] = -1 ;
    }
    …
}
```

（7）判断拼图是否成功

在文件 ptgameView. cpp 的 CptgameView：：OnDraw(CDC ∗ pDC)函数中添加如下代码。

```
void CptgameView：：OnDraw( CDC ∗ pDC)
{
    …
    if( grid[0][0] ==0 &&grid[0][1] ==1 &&grid[0][2] ==2 &&grid[0][3] ==3 &&grid[1][0] =
=4
    &&grid[1][1] ==5 && grid[1][2] ==6 &&grid[1][3] ==7 &&grid[2][0] ==8
    &&grid[2][1] ==9 &&grid[2][2] ==10 &&grid[2][3] ==11 && grid[3][0] ==12
    &&grid[3][1] ==13 &&grid[3][2] ==14 )
        pDC >StretchBlt( 300 + 3 ∗ 64,20 + 3 ∗ 64,63,63,&dc,3 ∗ 64,3 ∗ 64,64,64,
SRCCOPY) ;//显示出右下角的图片
    …
}
```

2. 双缓冲技术

运行前面的程序，发现一个问题：单击移动图片时，视图有明显的闪烁现象。为了解决这个问题，可以用双缓冲技术。

双缓冲的原理可以这样形象地理解：把计算机屏幕看作一块绘制并显示图形图像的黑板。首先在内存环境中建立一个"虚拟"的黑板，然后在这块黑板上绘制复杂的图形，等图形全部绘制完毕的时候，再一次性把内存中绘制好的图形"复制"到另一块黑板（即屏幕）上。采取这种方法可以提高绘图速度，极大地改善绘图效果。

3. 利用双缓冲技术消除闪烁

（1）显示图像

在文件 ptgameView. cpp 的 CptgameView：：OnDraw(CDC ∗ pDC)函数中实现双缓冲。修改

代码，代码如下所示：

```
void CptgameView::OnDraw(CDC * pDC)
{
    CptgameDoc * pDoc = GetDocument();
    ASSERT_VALID(pDoc);
    if(!pDoc)
        return;
    CRect rc;
    GetClientRect(&rc);
    CBitmap bt;
    bt.LoadBitmap(IDB_BITMAP1);
        CDC dc,dc1;
    dc.CreateCompatibleDC(pDC);
    dc1.CreateCompatibleDC(pDC);
    CBitmap bp;
    bp.CreateCompatibleBitmap(pDC,rc.Width(),rc.Height());
    dc.SelectObject(&bp);
    dc.FillSolidRect(rc,RGB(47,120,120));//设置背景颜色
    CPen pen(PS_SOLID,3,RGB(0,0,155));
    dc.SelectObject(&pen);
    dc.Rectangle(298,18,557,277);
    dc1.SelectObject(&bt);
    dc.StretchBlt(20,20,256,256,&dc1,0,0,256,256,SRCCOPY);
        for(int i=0;i<4;i++)
        for(int j=0;j<4;j++)
        {
                if(i==3&&j==3) break;
    dc.StretchBlt(300+picture[i][j].y*64,20+picture[i][j].x*64,63,63,&dc1,j*64,i*
64,64,64,SRCCOPY);
        }
if( grid[0][0]==0 &&grid[0][1]==1 &&grid[0][2]==2 &&grid[0][3]==3 &&grid[1][0]==4
    &&grid[1][1]==5 && grid[1][2]==6 &&grid[1][3]==7 &&grid[2][0]==8
    &&grid[2][1]==9 &&grid[2][2]==10 &&grid[2][3]==11 && grid[3][0]==12
    &&grid[3][1]==13 &&grid[3][2]==14 )
        dc.StretchBlt(300+3*64,20+3*64,63,63,&dc1,3*64,3*64,64,64,SRCCOPY);
//显示出右下角的图片
pDC->StretchBlt(0,0,rc.Width(),rc.Height(),&dc,0,0,rc.Width(),rc.Height(),SRCCOPY);
}
```

（2）消除闪烁

同添加单击事件方法相同，添加 CptgameView::OnEraseBkgnd(CDC * pDC)函数。
在文件 ptgameView.cpp 的 CptgameView::OnEraseBkgnd(CDC * pDC)函数中加入代码

如下：

```
BOOL CptgameView::OnEraseBkgnd(CDC * pDC)
{
    return true;
}
```

编译、链接后，单击移动图片，视图将不会有闪烁现象。

9.3.6　添加游戏信息

通常所玩的拼图游戏，都有一些游戏的基本信息，如玩家已走了多少步，已用了多少时间等。在此，将给该拼图游戏加入基本的游戏信息。

1. 记录步数

（1）声明变量

在文件 ptgameView. h 的 CptgameView:public CView 函数中声明变量，代码如下。

```
class CptgameView:public CView
{
    ...
    Pubulic:
    int step;
    ...
}
```

（2）初始化变量

在文件 ptgameView. cpp 的 CptgameView::CptgameView( )构造函数中初始化变量，代码如下。

```
CptgameView::CptgameView( )
{
    ...
    step = 0;
    ...

}
```

（3）更新变量

在文件 ptgameView. cpp 的 CptgameView::OnLButtonDown(UINT nFlags,CPoint point)函数中继续加入代码如下。

```
void CptgameView::OnLButtonDown( UINT nFlags,CPoint point)
{
    ...
```

```
            if( IsHasEmptyNeighbor( x,y,px,py) == true)
                {
                  …
                  step ++ ;
                }
              …
          }
```

（4）显示已用步数

在文件 ptgameView. cpp 的 CptgameView∷OnDraw(CDC ＊ pDC)函数中添加如下代码。

```
        void CptgameView∷OnDraw( CDC ＊ pDC)
        {
            …
            CString str1 ;
            str1. Format(_T("已用步数：％d") ,step) ;
            dc. TextOut(30 ,300 ,str1) ;
            …
        }
```

2. 记录时间

（1）声明变量

在文件 ptgameView. h 的 CptgameView∶public CView 函数中声明变量，代码如下。

```
        class CptgameView∶public CView
        {
            …
            Pubulic：
            double duration ,endTime ,startTime ;
            bool IsFirst ;
            …
        }
```

（2）初始化变量

在文件 ptgameView. cpp 的 CptgameView∷CptgameView( )构造函数中初始化变量，代码如下。

```
        CptgameView∷CptgameView( )
        {
            …
            duration = 0 ;
            IsFirst = true ;
```

```
            …
         }
```

（3）创建定时器

在文件 ptgameView. cpp 的 CptgameView∷OnLButtonDown(UINT nFlags, CPoint point)函数中继续加入代码如下。

```
      void CptgameView∷OnLButtonDown(UINT nFlags, CPoint point)
      {
         …
         if(IsHasEmptyNeighbor(x, y, px, py) == true)
           {
            …
            SetTimer(1, 50, NULL);
           }
            …
      }
```

（4）添加时钟事件

同添加单击事件方法相同，添加 CptgameView∷OnTimer(UINT_PTR nIDEvent)函数。在文件 ptgameView. cpp 的 CptgameView∷OnTimer(UINT_PTR nIDEvent)函数中加入代码如下。

```
      void CptgameView∷OnTimer(UINT_PTR nIDEvent)
      {
         CptgameDoc * pDoc = GetDocument();
         if(IsFirst == TRUE)
           {
         IsFirst = FALSE;
         startTime = clock();
           }
          endTime = clock();
          duration = (endTime - startTime)/1000;
          pDoc -> UpdateAllViews(NULL);
         CView∷OnTimer(nIDEvent);
      }
```

（5）显示已用时间

在文件 ptgameView. cpp 的 CptgameView∷OnDraw(CDC * pDC)函数中添加代码如下。

```
      void CptgameView∷OnDraw(CDC * pDC)
      {
```

```
…
CString timeString;

timeString. Format(_T("已用时间：%4.1f 秒"),duration);
dc. TextOut(130,300,timeString);
…
}
```

编译、链接后，程序运行结果如图 9-21 所示。

图 9-21　最终效果图

9.4　小结

本章所设计的拼图游戏，是一个最基本的拼图游戏，希望读者通过本章内容的学习，能够对拼图游戏的设计与开发有一定的了解，能够通过已学的相关知识和查找相关的资料，将该游戏的其他功能完成。值得一提的是，当实现该游戏的时候，会发现随机分割打乱的图片块，并不是每次都能够拼出来。那么这应该如何解决呢？解决的方法之一，就是在分割打乱图片块时，自行初始化相关数据，使之能一定拼出来。其他解决方法，有待读者多多思考。

第 10 章　扫雷游戏的设计与开发

扫雷最原始的版本可以追溯到 1973 年一款名为"Cube"（方块）的游戏，在此基础上，1989 年受雇于微软公司的两位工程师罗伯特·杜尔（Robert Donner）和卡特·约翰逊（Curt Johnson）开发出了扫雷游戏。这一游戏被集成到 1992 年发布的 Windows 3.1 系统上，从此扫雷才正式在全世界推广开来。虽然历经多次外观变化，Windows 自带的扫雷游戏——winmine 一直是最流行的扫雷版本。Windows 8 中，扫雷游戏依然存在，但被重命名为 Microsoft Minesweeper。

10.1　扫雷游戏分析

10.1.1　背景介绍

扫雷游戏的历史悠久，玩法也为广大玩家所熟知。此处以 Windows XP 自带的扫雷 winmine.exe 为例对其玩法做简要的介绍。游戏区包括雷区、地雷计数器（位于左上角，记录剩余地雷数）和计时器（位于右上角，记录游戏时间），如图 10-1 所示，确定大小的矩形雷区中随机布置一定数量的地雷，玩家需要尽快找出雷区中的所有不是地雷的方块，而不许踩到地雷。

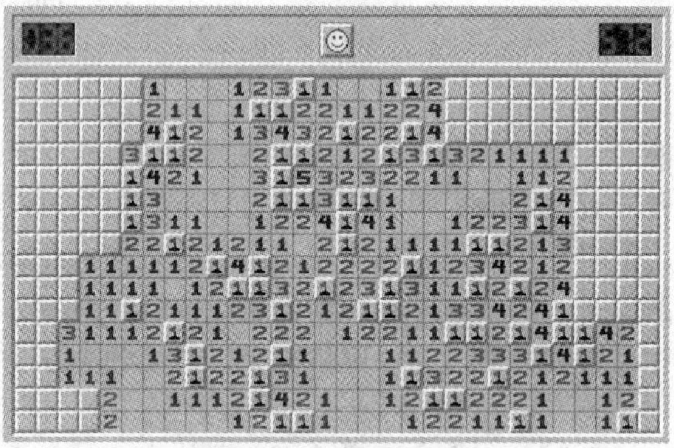

图 10-1　扫雷游戏界面

游戏的基本操作包括单击（Left Click）、右击（Right Click）、双击（Chording）三种。其中左键用于打开安全的格子，推进游戏进度；右键用于标记地雷，以辅助判断，或为接下来的双击做准备；双击在一个数字周围的地雷标记完时，相当于对数字周围未打开的方块均进行一次单击操作。如果在单击时触雷或在双击操作位置周围有标错的地雷，则游戏任务失败。

10.1.2　需求分析

通过上一节对扫雷游戏玩法的描述，我们可以在分析其功能需求、界面需求以及其他需求的基础上进行游戏软件的设计。

1. 功能需求

扫雷游戏需要实现的功能：正确设置地图中的空白区域、数字以及雷区；对用户不同操作，如单击和右击等都能够予以响应；设置游戏失败或成功的条件并能准确判断；失败后能够在界面中操作重新开始游戏，需要有计分功能等。

2. 界面需求

界面原则要求：美观、简洁、实用。

3. 其他需求

安全性高，设计完整。

10.2　游戏界面设计与地图

选择 MFC 开发游戏的框架，游戏界面包含标题栏、菜单栏，方便玩家控制游戏。游戏界面中间是游戏区域；最下边则是显示游戏的基本信息。本章将介绍的扫雷游戏界面如图 10-2 所示。

从图中可以看出，游戏区域是整个界面的主体，也是游戏程序与玩家进行交互的主要窗口界面，玩家的绝大部分操作都是在这个区域进行的，而游戏程序也正是通过获取这些玩家的操作来推动游戏过程，这一区域被称为游戏地图。

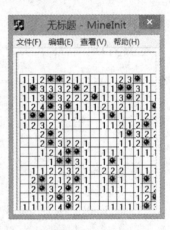

图 10-2　扫雷游戏界面设计

10.2.1　生成地图数据

一般说来，地图是描述和标注物体位置相对关系的直观图像；在游戏中也可以把描述图像块的序号和存储位置的数据图称为地图。在 RPG 游戏里，地图更形象。游戏地图记录的是游戏对象的位置（和形状），而玩家在游戏中进行的动作，本质上就是改变游戏对象的位置（和形状）。

在此游戏中，可以看到游戏地图为大小相同的方格按行列顺序排列而成的矩形区域，其中每个小方格可以具有三种形态：空、标示附近的 8 邻域内雷区数量的数字、地雷。可以考虑在程序中使用一个二维数组 map[m][n] 来表示这样的一幅地图，m，n 分别代表地图中小方格的行列数量，如果当前方格的行列号为 (x，y)，那么 map[x][y] 就可以用于表示方格的形态。

经过上面的分析，可以得出地图在程序中的抽象表示，即 int 型的二维数组 map[m][n]。下面分步骤对生成地图的方法做具体描述。

1. 在程序启动时进行初始化地图

在程序启动或重新开始游戏时都需要初始化地图。首先需要构建一个空白地图，代码如下。

```
MineView. h
…
#define row 16
#define col 16
…

MineView. cpp
int i = 0;
int j = 0;
for( i = 0; i < row; i ++ )
      for( j = 0; j < col; j ++ )
        {
            map[ i ][ j ] = 0;
            …
        }
```

建立空白地图后，需要为其中方格随机添加地雷，代码如下。

```
MineView. h
…
#define mineNum 40
…


MineView. cpp
…
for( i = 0; i < mineNum; i ++ )                    //初始化地雷分布
{
    int n = rand( ) % ( row * col );
    int x = n/row;
    int y = n% row;
    while( map[ x ][ y ] == -1)
    {

        n = rand( ) % ( row * col );
        x = n/row;
        y = n% row;
    }
    map[ x ][ y ] = -1;
}
…
```

此处，mineNum 使用 rand( ) 函数获取一个随机数，除以 row * col 并取余数得到 n，n 为一个小于 row * col 的正整数，认为其满足条件：

$$n = x * row + y$$

则可以得到 x = n/row；以及 y = n% row；而后判断当前（x，y）位置是否已有地雷分布，如果没有则赋给表示地雷的整数值 -1，否则重新随机挑选一个位置进行布雷。

2. 为地图中添加数字方格

地图中的数字方格是用于指引用户进行游戏的重要线索，标示了在此数字方格周围 8 邻域内的雷区方格数量，如图 10-3 所示。

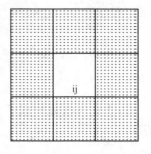

图 10-3 扫雷游戏界面设计

在地图中雷区方格设置之后，地图中的数字方格的位置和数字就唯一确定了。其设置方式为：对地图中所有的未标记为地雷的方格区域进行遍历，每一个方格区域都对其周围 8 邻域内所有方格标记进行检查，累计其中为雷区方格的数量。其代码如下。

```
for( i = 0 ; i < row ; i ++ )
    for( j = 0 ; j < col ; j ++ )
    {
        if( map[ i ][ j ] != -1 )
        map[ i ][ j ] = NumOfMine( i,j,0 );
    }
```

NumOfMine 函数用于将邻域雷区方格计数功能封装。

```
int CMineView::NumOfMine( int i,int j,int flag )
{
    int n = 0;
    if( flag ==0 )   //不计雷的状态
    {
        if( i - 1 >=0 && j - 1 >=0 && map[ i - 1 ][ j - 1 ] == -1 )
            n ++ ;
        if( i - 1 >=0 && map[ i - 1 ][ j ] == -1 )
            n ++ ;
        if( i - 1 >=0 && j + 1 <= col && map[ i - 1 ][ j + 1 ] == -1 )
            n ++ ;
        if( j - 1 >=0 && map[ i ][ j - 1 ] == -1 )
            n ++ ;
        if( j + 1 <= col && map[ i ][ j + 1 ] == -1 )
            n ++ ;
        if( i + 1 <= row && j - 1 >=0 && map[ i + 1 ][ j - 1 ] == -1 )
            n ++ ;
        if( i + 1 <= row && map[ i + 1 ][ j ] == -1 )
            n ++ ;
        if( i + 1 <= row && j + 1 <= col && map[ i + 1 ][ j + 1 ] == -1 )
            n ++ ;
    }
    else
    {
```

```
        ...
      }
    return n;
  }
```

以上述方法就完成了一幅扫雷地图在程序中的数据描述，二者之间的关系如图 10-4 所示。

→

```
map[8][8]=
{-1 1 0 0 0 0 0 0
  1 2 2 2 1 0 0 0
  0 1 -1 -1 1 0 0 0
  0 1 2 2 2 1 1 0
  1 1 1 0 1 -1 2 1
  1 -1 1 0 1 2 -1 1
  1 1 1 0 0 1 1 1
  0 0 0 0 0 0 0 0
}
```

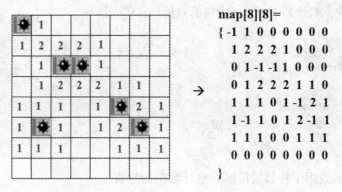

图 10-4　扫雷游戏界面和其数据表示

10.2.2　显示地图

有了地图数据以后，需要将其用图像的方式生成游戏界面，首先可以将游戏界面划分成等分大小的格网，其后，对于地图数据中的数字和为空的情况，在单击后可以将其直接显示在对应序号的格网中；如果格网对应位置在地图数据中被标记为雷区，则需要用地雷图案标示，如图 10-5 所示。

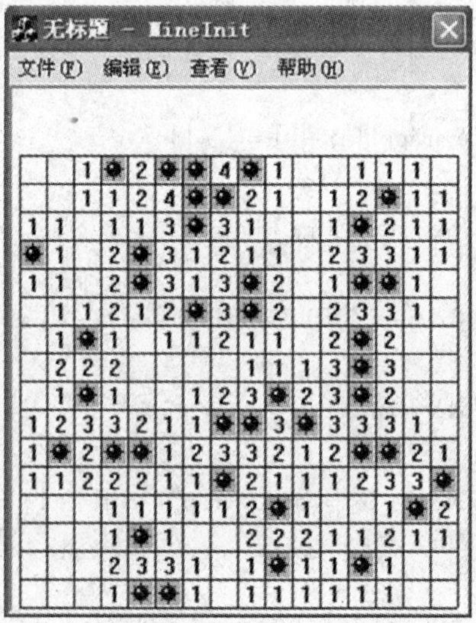

图 10-5　可视化表示地图数据

其部分实现代码如下。

```
void CMineView::OnDraw(CDC * pDC)
{
    CMineInitDoc * pDoc = GetDocument();
    ASSERT_VALID(pDoc);
    //画游戏框
    int i = 0;
    int j = 0;
    for(i = 0;i <= 16;i++)
    {
        pDC -> MoveTo(5,40 + 17 * i);
        pDC -> LineTo(5 + 16 * 17,40 + 17 * i);
        pDC -> MoveTo(5 + 17 * i,40);
        pDC -> LineTo(5 + 17 * i,40 + 16 * 17);
    }
    //导入资源
    CBitmap mine;
    mine. LoadBitmap(IDB_MINE);
    CDC dc;
    dc. CreateCompatibleDC(pDC);
    //显示初始数据
    for(i = 0;i < 16;i++)
        for(j = 0;j < 16;j++)
        {
            if(map[i][j] == -1)
            {
                dc. SelectObject(&mine);
                pDC -> BitBlt(5 + 17 * j + 1,40 + 17 * i + 1,15,15,&dc,0,0,SRCCOPY);
            }
            else if(map[i][j] > 0)
            {
                CString numstr;
                numstr. Format("% d",map[i][j]);
                pDC -> TextOut(5 + 17 * j + 5,40 + 17 * i + 1,numstr);
            }

        }
}
```

显然，上述可视化的地图和需要实现的程序界面游戏区域还有差别，在游戏中，当游戏开始时所有的格子都为空白，只有玩家进行了单击操作之后，才会在相应地格子中显示数字或地雷图案，因此需要在程序中对于每一个格子是否处于单击后状态进行记录，在此可使用一个 Bool 类型的二维数组 state[row][col]用于实现这一任务。即在初始状态时，每个格子的状态为 false，只有状态为 true 时，画图程序才显示 map 数据。

此外，玩家还可以通过右击使用红旗图案⚑标记雷区，这一功能以及其他辅助功能在游戏界面上的表示在下一节再介绍。

10.3 【程序示例】扫雷游戏的开发

10.3.1 初始化

在 10.2.1 节中已经介绍过如何初始化地图数据，在此只对其余的部分做简要描述以为补充。

1. 初始化记录方格操作状态的数据

Bool 类型的二维数组 state[row][col]用于记录游戏区域内每一个方格是否已被点击，实现方法如下。

```
MineView. h
…
class CMineView:public CView
{
    …
    public:
    …
    bool state[row][col];
    …
}


MineView. cpp
…
void CMineView::Restart( )
{
    …
    int i = 0;
    int j = 0;
    for( i = 0;i < row;i ++ )
        for( j = 0;j < col;j ++ )
        {
            map[i][j] = 0;
            state[i][j] = false;
        }
    …
}
```

2. 资源加载

将游戏中需要的图片资源添加到程序中，在 Visual Studio 中打开资源视图，展开 Mine. rc，在 Bitmap 上右击，在弹出的快捷菜单中选择"添加资源"命令，即打开"添加资源"对话框，单击"导入"按钮选择图片进行导入。导入的图片如下所示：

IDB_BITMAP1

IDB_BITMAP2

IDB_BITMAP3

IDB_BITMAP4

IDB_BITMAP5

3. 预设游戏界面窗口大小

为了游戏界面的美观，需要为游戏界面窗口预设大小。在程序 MainFrm. cpp 文件的 CMainFrame 成员函数 PreCreateWindow(CREATESTRUCT& cs) 中加入如下代码。

```
cs. cx = 292;
cs. cy = 370;
```

10. 3. 2　处理单击事件

游戏过程中玩家在游戏区域内单击时，可能有三种情况发生：

1) 单击在含地雷的方格上，游戏结束，并将该位置用红叉标记。

2) 单击在含数字的方格上，则显示此方格内的数字。

3) 单击在空白的方格上，则展开所有与之相连通的空白方格。

分析以上三种情况，可以发现其中游戏逻辑的相同点，如在判断单击操作后应该归为哪一类情况之前需要获取单击位置所对应的方格序号；在单击之后需要判断游戏是否能够继续运行；以及在能够继续运行的前提下修改对应方格的处理状态，也即修改二维数组 state [row][col] 中对应位置的值。

1. 通用功能开发

程序中将通过单击位置获取对应方格序号的代码封装为一个函数 GetGridPos，代码如下。

```
bool CMineView::GetGridPos(CPoint point, int &x, int &y)
{
    CRect rect;
    for( int i = 0; i < row; i ++ )
        for( int j = 0; j < col; j ++ )
        {
        rect. SetRect( sX + WIDTH * j, sY + HEIGHT * i, sX + WIDTH * ( j + 1), sY + HEIGHT * ( i +1) );
        if( rect. PtInRect( point) )
        {
```

```
                x = i;
                y = j;
                return true;
            }
        }
        return false;
    }
```

WIDTH 和 HEIGHT 分别是预定义的方格宽和高，sX 与 sY 是游戏区域右上角在整个软件界面区域中的位置。

游戏是否结束可以通过一个 int 型的变量来表示。定义如下：

```
class CMineView:public Cview
{
    …
    public:
    //0——游戏还没有结束；1——成功;2——失败
    int m_bGameOver;
    …
}
```

2. 添加单击处理事件

在"类视图"窗口中选择 CMineView 并右击，在弹出的快捷菜单中选择"Class Wizard"命令，打开"MFC Class Wizard"对话框，选择"Message"选项卡，找到 WM_LBUTTON-DOWN，单击"Add Handler"按钮添加事件处理函数 OnLButtonDown()，如图 10-6 所示。

（1）单击位置为雷区

当单击位置为雷区时，应当结束游戏，且将雷区位置画上红叉。代码如下。

```
void CMineView::OnLButtonDown(UINT nFlags,CPoint point)
{
    if(m_bGameOver>0)
        return;
    int x = -1;
    int y = -1;
    if(!GetGridPos(point,x,y))
        return;
    if(state[x][y])                    //若所点位置状态为1
    {
        …
    }
    else
    {
```

```
        if( map[ x ][ y ] == -1 )               //碰到地雷
        {
            explosionX = x ;
            explosionY = y ;
            m_bGameOver = 2 ;
            Invalidate( ) ;
            return ;
        }
        else   if( map[ x ][ y ] > 0 )          //数字
        {
            …
        }
        else                                    //空位
        {
            …
        }

        Invalidate( ) ;
    }
}
```

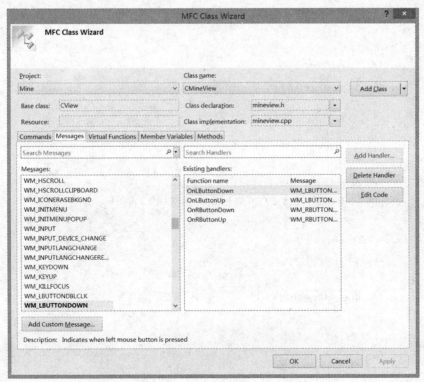

图 10-6   MFC Class Wizard 添加单击事件处理函数

在设定指示游戏状态的变量 m_bGameOver 的值之后，利用 Invalidate( ) 函数重画游戏区域，代码如下。

```cpp
void CMineView::OnDraw(CDC * pDC)
{
    …
    CBitmap flag;
    flag. LoadBitmap(IDB_BITMAP1);
    CBitmap mine;
    mine. LoadBitmap(IDB_BITMAP2);

    CBitmap smile;
    smile. LoadBitmap(IDB_BITMAP3);
    CBitmap cry;
    cry. LoadBitmap(IDB_BITMAP4);
    CBitmap face;
    face. LoadBitmap(IDB_BITMAP5);
    CDC dc;
    dc. CreateCompatibleDC(pDC);

    // 绘制笑脸
    if(m_bGameOver ==0)
    {
        …
    }
    else if(m_bGameOver ==1)
    {
        …
    }
    else
    {    dc. SelectObject(&cry);
        pDC -> BitBlt(130,8,29,29,&dc,0,0,SRCCOPY);
    }
    for(i =0;i < row;i ++)
        for(j =0;j < col;j ++)
        {
            if(m_bGameOver <=1)
            {
                …
            }
            else
            {
```

```
                            if( map[ i ][ j ] == -1 )
                            {
                                dc. SelectObject( &mine ) ;
                                pDC -> StretchBlt( sX + WIDTH * j + 1 , sY + HEIGHT * i  + 1 ,
                                        15 ,15 ,&dc ,0 ,0 ,15 ,15 ,SRCCOPY ) ;
                                if( explosionX == i && explosionY == j )
                                {
                                    //画叉
                                    CRect rect( sX + WIDTH * explosionY ,
                                                            sY + HEIGHT * explosionX ,
                                                            sX + WIDTH * ( explosionY + 1 ) ,
                                                            sY + HEIGHT * ( explosionX + 1 ) ) ;
                                    CPen pen( PS_SOLID ,1 ,RGB( 255 ,0 ,0 ) ) ;
                                    CPen * old = pDC -> SelectObject( &pen ) ;
                                            pDC -> MoveTo( sX + WIDTH * explosionY ,
                                                            sY + HEIGHT * explosionX ) ;
                                            pDC -> LineTo( sX + WIDTH * ( explosionY + 1 ) ,
                                                            sY + HEIGHT * ( explosionX + 1 ) ) ;
                                            pDC -> MoveTo( sX + WIDTH * explosionY ,
                                                            sY + HEIGHT * ( explosionX + 1 ) ) ;
                                            pDC -> LineTo( sX + WIDTH * ( explosionY + 1 ) ,
                                                            sY + HEIGHT * explosionX ) ;
                                        pDC -> SelectObject( old ) ;
                                    explosionX = explosionY = -1 ;
                                }
                            }
                        }
                    }
                }
            }
```

（2）单击位置为数字方格

单击位置为数字方格时，只需将当前方格的处理状态进行修改，而后调用 Invalidate( ) 函数重新绘图即可，代码如下。

```
    ...
    else if( map[ x ][ y ] > 0 )
    {
        state[ x ][ y ] = true ;
    }
    Invalidate( ) ;
    ...
```

在 CMineView::OnDraw(CDC * pDC)函数中添加绘图代码如下。

```
    ...
    else if( state[i][j] && map[i][j] >0)        //已确认的数字
    {
        pDC –> FillSolidRect( CRect( sX + WIDTH * j + 1, sY + HEIGHT * i + 1, sX + WIDTH * ( j + 1)
    – 1, sY + HEIGHT * ( i + 1) – 1), RGB( 210,210,200)) ;
        CString str;
        str. Format( " % d ", map[i][j]) ;
        pDC –> TextOut( sX + 1 + WIDTH * j, sY + 1 + HEIGHT * i, str) ;
    }
    ...
```

（3）单击位置为空方格

当单击的位置为空方格时，需要将与之连通的所有空方格区域打开，因此需要查找到这些方格。查找的方式为利用一个链表存储所有的空方格，由当前的空方格开始，将其加入到链表中，而后从链表中逐步取出方格数据，在取出后将其对应位置的处理状态进行修改，并查找其 8 邻域中为空的方格添加到链表中，直至链表为空。

```
    ...
    else        //空位
    {
            squene. AddTail( CPoint( x, y)) ;
            while( !squene. IsEmpty( ))
            {
                CPoint cp = squene. GetHead( ) ;
                squene. RemoveHead( ) ;
                state[cp. x][cp. y] = true;
                if( map[cp. x][cp. y] == 0)
                {
                    if( cp. x – 1 >=0 && cp. y – 1 >=0 &&
                        state[cp. x – 1][cp. y – 1] == false)
                    squene. AddTail( CPoint( cp. x – 1, cp. y – 1)) ;

                    if( cp. x – 1 >=0 && state[cp. x – 1][cp. y] == false)
                    squene. AddTail( CPoint( cp. x – 1, cp. y)) ;

                    if( cp. x – 1 >=0 && cp. y + 1 < col &&
                        state[cp. x – 1][cp. y + 1] == false)
                    squene. AddTail( CPoint( cp. x – 1, cp. y + 1)) ;

                    if( cp. y – 1 >=0 && state[cp. x][cp. y – 1] == false)
                    squene. AddTail( CPoint( cp. x, cp. y – 1)) ;
```

```
                    if( cp. y + 1 < col && state[ cp. x ][ cp. y + 1 ] == false)
                        squene. AddTail( CPoint( cp. x,cp. y + 1));

                    if( cp. x + 1 < row && cp. y – 1 >= 0 &&
                            state[ cp. x + 1 ][ cp. y – 1 ] == false)
                        squene. AddTail( CPoint( cp. x + 1,cp. y – 1));

                    if( cp. x + 1 < row && state[ cp. x + 1 ][ cp. y ] == false)
                        squene. AddTail( CPoint( cp. x + 1,cp. y));

                    if( cp. x + 1 < row && cp. y + 1 < col &&
                            state[ cp. x + 1 ][ cp. y + 1 ] == false)
                        squene. AddTail( CPoint( cp. x + 1,cp. y + 1));
                }
            }
        }
    …
```

而后在 OnDraw( )函数中画出相应位置。

```
…
else if( state[ i ][ j ] && map[ i ][ j ] == 0)        //已确认的 0
{
        pDC –> FillSolidRect( CRect( sX + WIDTH * j + 1,sY + HEIGHT * i + 1,
    sX + WIDTH * ( j + 1) – 1,sY + HEIGHT * ( i + 1) – 1),RGB(210,210,200));
        CString str = "        ";
        pDC –> TextOut( sX + 1 + WIDTH * j,sY + 1 + HEIGHT * i,str);
}
…
```

10.3.3 右键事件单击处理函数

当玩家在游戏区域中任意一个方格上进行右击操作时，可能获得两种游戏的回馈，分别对应着方格中所包含的数据类型。

若单击位置为雷区，则将所单击的格子用红旗标注为雷区，此时，还需要一个变量用于记录是否所有的雷区都已经被标识，如果是的话则游戏成功。

若单击位置是数字或为空，则失败并退出，将该位置用红色标记。

1. 添加右击事件处理函数

右击事件处理函数的添加方法与单击事件处理函数的添加方法相同，添加后可以得到一个 CMineView 类的成员函数 CMineView::OnRButtonDown( )。

2. 右击位置方格为雷区的处理

当确定右击位置且判定当前位置没有被标记为已操作方格后，如果 map[x][y] == – 1

为真，则说明单击位置为雷区，将方格状态改为已操作，未标示的雷区总数减1，如果没有未标示的雷区，则将记录游戏是否成功的变量设为1以表示游戏成功，然后刷新游戏界面显示。

3. 右击位置方格为数字或为空的处理

在此情况下，同样先将方格区域状态标记为已处理，同时游戏结束并记录下当前方格的位置用于后继绘图标记，而后刷新游戏界面显示。

右键事件单击处理函数代码如下。

```cpp
void CMineView::OnRButtonDown(UINT nFlags, CPoint point)
{
    if(m_bGameOver > 0)
        return;

    m_bRBtnDown = true;

    int x = -1;
    int y = -1;

    if(GetGridPos(point, x, y) && state[x][y] == false)
    {
        if(map[x][y] == -1)             //碰到地雷
        {
            state[x][y] = true;
            remainMine --;
            if(remainMine == 0)
                m_bGameOver = 1;        //成功
            Invalidate();
        }
        else                            //碰到数字,则失败退出
        {
            state[x][y] = true;
            explosionX = x;
            explosionY = y;
            m_bGameOver = 2;
            Invalidate();
        }
    }
    CView::OnRButtonDown(nFlags, point);
}
```

刷新显示代码只是上一节描述过的代码的简单重复，在此不再赘言，读者可以参照本书的源代码。

10.3.4 双键按下事件处理函数

如果在未操作过的方格（state 对应位置值为 false）上同时按下鼠标左键和右键，程序不需要进行任何进一步操作，而如果单击在已经操作过的方格上，则有两种情况需要进一步处理：

1）若邻域内还有待标记的雷区，则将邻域内所有未处理过的方格用一种颜色标记出来。

2）若邻域中已经没有待标记的雷区，就将邻域中所有未操作的方格区域标记为已操作，并且若其中某个方格为空，则展开与此空格相连通的整片空位区。

为了区别单击与鼠标双键同时按下操作，在程序中添加一个 CMineView 的成员变量 m_bNeedShow 用于表示在当前鼠标事件中右键是否处于按下状态。

```
class CMineView:public CView
{
    …
    public:
        bool m_bRBtnDown;
    …
}
```

在鼠标右键按下与放开事件处理程序中加入如下代码。

```
void CMineView::OnRButtonDown(UINT nFlags,CPoint point)
{
    …
    m_bRBtnDown = true;
    …
}
void CMineView::OnRButtonUp(UINT nFlags,CPoint point)
{
    …
    m_bRBtnDown = false;
    …
}
```

在程序中，将之前提到的实现通过一个为空的方格找到与其连通的所有为空方格功能的代码封装为一个函数 ExtendFromEmptyGrid()，并在 AutoDig() 函数中调用，AutoDig() 函数完成了上述两种情况的数据内容处理，其代码如下。

```
void CMineView::AutoDig(int i,int j)
{
    //单击位置的数字和其邻域内已标记的雷区的数量相等
    if(map[i][j] == NumOfMine(i,j,1))
    {
```

```
                    //对于当前方格邻域中所有方格进行操作
                    if(i-1>=0 && j-1>=0)
                    {
                            //如为空格,则找到所有与之连通的空格
                            if(map[i-1][j-1]==0)
                                    ExtendFromEmptyGrid(i-1,j-1);
                            else
                                    state[i-1][j-1]=true;
                    }
                    …
            }
            //如果仍有未标记的雷区
            else
            {
                    //将未操作过的方格序号加入链表中
                    if(i-1>=0 && j-1>=0  && state[i-1][j-1]==false)
                            showList.AddTail(CPoint(i-1,j-1));
                    …
            }
    }
```

最后在单击事件处理函数 CMineView∷OnLButtonDown() 中添加对 AutoDig() 函数的调用。代码如下。

```
    void CMineView∷OnLButtonDown(UINT nFlags,CPoint point)
    {
    …
        if(state[x][y])                           //若所点位置状态为1
        {
            if(map[x][y]>0 && m_bRBtnDown)//若是数字且右键按下
            {
                AutoDig(x,y);
                m_bNeedShow=true;
                Invalidate();
            }
        }
    …
    }
```

根据数据画图,请读者自行参考源码中 CMineView∷OnDraw() 中对应内容。

10.3.5 重新开始游戏

在游戏失败之后,一般都不希望通过重启程序而重新开始下一轮游戏。由之前的分析可知，游戏在开始阶段需要初始化地图等数据。因此需要通过某一个事件触发游戏数据的初始化。

在游戏失败后，通过在游戏界面中单击方格区域上方的图案重新开始游戏，如图 10-7a 所示是游戏失败后的界面，在单击图案后，游戏界面如图 10-7b 所示，游戏重新开始。

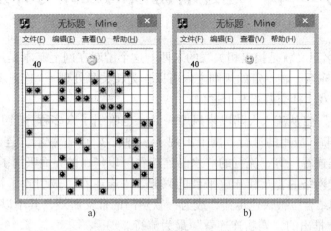

图 10-7　单击图案重新开始游戏

在此处预设图案的坐标范围为（130,8,159,37），当单击在此区域中时，则调用之前介绍过的 Restart( ) 函数重新初始化游戏，代码如下。

```
void CMineView::OnLButtonUp( UINT nFlags,CPoint point )
{

    m_bNeedShow = false;
    showList. RemoveAll( );

    CRect rt;
    rt. SetRect( 130,8,159,37 );
    if( rt. PtInRect( point ) )
    {
        Restart( );
        Invalidate( );
    }

    CView::OnLButtonUp( nFlags,point );
}
```

10.4　本章小结

本章介绍了一个简单的扫雷程序，其中着重关注的是地图数据的生成以及编写程序根据用户操作引发游戏功能的推进。还有许多可以附加的功能在本章中没有提及，如设置不同的难度级别改变地图数据的大小，使用计分功能以增加游戏的挑战性等，有待于读者思考与实现。

第 11 章　连连看游戏的设计与开发

"连连看"顾名思义就是找出相关联的东西，这个游戏在网上基本是用在小游戏中，就是找出相同的两样东西，在一定的规则之内可以作为相关联处理。"连连看"的发展经历了桌面游戏、在线游戏、社交游戏三个过程。

游戏"连连看"自从流入大陆以来风靡一时，也吸引了众多程序员开发出多种版本的"连连看"。随着 Flash 应用的流行，网上出现了多种在线 Flash 版本"连连看"，如"水晶连连看"、"果蔬连连看"等，流行的"水晶连连看"以华丽的界面吸引了一大批女性玩家。2008 年，随着社交网络的普及和开放平台的兴起，"连连看"被引入了社交网络。"连连看"与个人空间相结合，被快速传播，成为一款热门的社交游戏，其中以开发者 Jonevey 在 Manyou 开放平台上推出的"宠物连连看"最为流行。

网络小游戏、网页游戏越来越受网民欢迎，除了玩的方法简单外（不像其他游戏还需要注册下载），很多游戏不乏经典，连连看游戏就是典型。

11.1　连连看游戏分析

11.1.1　背景介绍

如图 11-1 所示，连连看游戏是一种大家较为熟悉的游戏，只要将两张相同的图片用三根以内的直线连接在一起就可以消除，规则简单容易上手，游戏速度节奏快，画面清晰可爱，适合细心的玩家。丰富的道具和公共模式的加入，增强游戏的竞争性。多样式的地图，使玩家在各个游戏水平都可以寻找到挑战的目标，长期保持游戏的新鲜感。

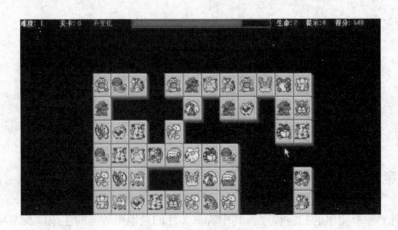

图 11-1　连连看游戏界面

11.1.2 需求分析

连连看游戏的需求一般应当满足以下描述:

1. 功能需求

连连看游戏需要实现的功能:运行游戏会自动进行游戏的初始化工作,即将界面游戏区域分成横向和纵向的多个方框区域,这些区域应填充相应的图案并成对地分布于整个游戏区域。玩家可以按照规则消除相同的图案,每消除一对总分就会加上消除的图案所对应的数值,当没有可以消除的图案时可以重新排列图案的位置,直至所有的图案都被消除。同时,可以通过增加相异图案的数量或设置障碍在不同的关卡中提高游戏的难度。

此外,游戏还应包含必要的辅助功能:如设置游戏的难易程度、在遇到困难时要求获得提示帮助等。

2. 界面需求

界面原则要求:美观、简洁、实用。分为开始界面和游戏界面,开始界面包含开始、退出、难度选择、游戏模式等选项按钮。游戏界面包含图案的显示。

3. 其他需求

安全性高,设计完整。

11.2 连连看游戏的界面设计

连连看游戏的界面设计原则要求美观、简洁、实用,并且包含两种不同的界面,此处只对游戏主体界面进行介绍,将开始界面以及部分游戏界面的设计和制作留给读者完成。同之前几章一样,如果采用标准的 Windows 框架,则在游戏界面的上方有默认的菜单栏、工具栏,由于其和游戏内容无关,需要在此去除,如图 11-2 所示。

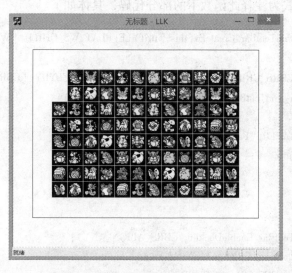

图 11-2 连连看游戏界面

去除菜单栏、工具栏之后的界面只包含游戏界面主体,中间是图案的显示;最下边用于显示游戏的基本信息。

11.3 【程序示例】连连看游戏的开发

11.3.1 建立游戏工程

建立游戏工程和前几章所述方法相同，在此仅作简要描述。

1）新建"MFC 应用程序"项目，并输入项目名称 LLK。

2）使用"MFC 应用程序向导"，选择"单文档""MFC 标准"单选按钮，单击"完成"按钮。

3）"MFC 应用程序向导"自动生成 CLLKView、CLLKApp、CLLKDoc、CMainFrame 四个类。

4）修改文档标题，在文件 LLKDoc. cpp 的 CLLKDoc∷OnNewDocument( )函数中加入代码，代码如下。

```
BOOL CptgameDoc∷OnNewDocument( )
{
    if( !CDocument∷OnNewDocument( ))
        return FALSE;
        SetTitle(_T("连连看游戏"));
        return TRUE;
}
```

5）隐藏工具栏和菜单栏，方式为在 CMainFrame∷OnCreate( )函数中添加如下代码。

```
this － > SetMenu( NULL) ; //隐藏菜单栏
```

隐藏工具栏的方式为注释此函数下的部分代码，具体如下。

```
//if( !m_wndToolBar. CreateEx( this,TBSTYLE_FLAT,WS_CHILD │ WS_VISIBLE │ CBRS
//_TOP
//      │ CBRS_GRIPPER │ CBRS_TOOLTIPS │ CBRS_FLYBY │ CBRS_SIZE_DYNAMIC) ||
//      !m_wndToolBar. LoadToolBar( IDR_MAINFRAME))
//{
//      TRACE0( "Failed to create toolbar\n") ;
//      return － 1 ;         // fail to create
//}
```

以及：

```
//m_wndToolBar. EnableDocking( CBRS_ALIGN_ANY) ;
//EnableDocking( CBRS_ALIGN_ANY) ;
//DockControlBar( &m_wndToolBar) ;
```

6）编译运行窗口。

LLK 应用程序的运行结果如图 11-3 所示。

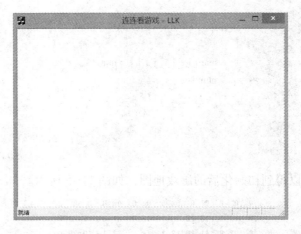

图 11-3　LLK 应用程序的运行结果

11.3.2　游戏区域地图及初始化

根据连连看游戏的需求，需要将游戏主体界面划分为横向和纵向的多个方框区域。区域的数量可以由开发者自己设定，但是必须为偶数。划分后的区域用于放置图案，四周留出一个单位的空白，如图 11-4 中标记为 0 的方格。

0	0	0	0	0	0	0	0
0							0
0							0
0							0
0							0
0							0
0	0	0	0	0	0	0	0

图 11-4　LLK 游戏区域的划分

去除标记为 0 的方格后，区域中剩余的方格都用于放置游戏图案，假设剩余的方格有 M 行 N 列，那么可以用一个二维数组 map[M][N] 来表示它们。

接下来需要为这些方格随机填充图案，不同的图案用数字予以标记区分，假设区域有 8 行 12 列，即 M = 8，N = 12，且图案的总数为 24，可以使用下列代码对游戏区域进行填充：

```
while( num < 96 )
{
        while( 1 )
        {
                i = rand( )%8 ;
                j = rand( )%12 ;
```

```
                        if(map[i+1][j+1]==0)
                        {
                            map[i+1][j+1] = num/4;
                            num++;
                            break;
                        }
                    }
                }
```

通过上述方式可以得到初始化后的游戏地图,如图11-5所示。

```
0   0   0   0   0   0   0   0   0   0   0   0   0   0
0   13  3   18  22  2   19  12  0   21  3   16  22  0
0   22  8   11  10  12  1   1   6   23  1   10  20  0
0   6   16  16  14  15  8   7   11  22  9   13  0   0
0   17  11  4   0   18  23  9   5   14  5   16  18  0
0   17  23  2   13  4   19  2   1   4   3   19  17  0
0   12  7   5   23  20  20  10  21  4   8   5   14  0
0   15  20  8   10  19  7   21  6   3   9   7   18  0
0   15  15  12  6   11  21  13  14  17  2   0   9   0
0   0   0   0   0   0   0   0   0   0   0   0   0   0
```

图11-5 初始化后的游戏地图

11.3.3 导入游戏图案

游戏图案的导入仍然使用CBitmap类,通过从应用程序的资源中装入位图资源,并将其与CBitmap对象连接来使用准备使用的图案资源。具体步骤如下。

1)添加资源,在"资源视图"选项卡中右击LLK.rc,在弹出的快捷菜单中选择"添加资源"命令,在弹出的对话框中选择"Bitmap"后单击"导入"按钮,并在弹出的对话框中选择"animal.bmp"选项,设置导入后的资源名称为IDB_ANIMAL。

2)使用OnDraw(CDC * pDC)函数。在文件LLKView.cpp的CLLKView::OnDraw(CDC * pDC)函数中添加如下代码。

```
void CLLKView::OnDraw(CDC * pDC)
{
    CLLKDoc * pDoc = GetDocument();
    ASSERT_VALID(pDoc);

    CBitmap bt;
    bt.LoadBitmap(IDB_ANIMAL);

    CDC dc;
    dc.CreateCompatibleDC(pDC);
    dc.SelectObject(&bt);
```

```
        pDC -> Rectangle(50,50,630,470);

        int k = 0;
        for( int i = 1;i <= 8;i ++ )          //假定 M = 8
        for( int j = 1;j <= 12;j ++ )         //假定 N = 12
        {
            k = map[i][j];
            if(k != 0)
            pDC -> StretchBlt(100 + 40 * (j - 1),100 + 40 * (i - 1),39,39,&dc,0,39 * k,39,39,
        SRCCOPY);
        }
        }
```

在上述代码中，将导入的 IDB_ANIMAL 资源中不同的图案填充进了 8 × 12 个空格中，通过之前初始化得到的游戏地图取出当前空格中所标识的图案序号（k = map[i][j]），填充 IDB_ANIMAL 中对应位置（0，39 * k）的图案。之所以设置为 39 是为了在不同图案之间留有空白间隙，如图 11-6 所示。

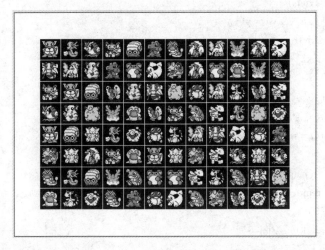

图 11-6 填充图案之后的游戏界面

11.3.4 消除条件

在进行连连看游戏时，当选择的两个图案相同并满足其之间处于空白区域内的连线变换方向的次数不超过 3 次，即认为其可以被消除。通过上一节的描述我们可以很容易地看出消除条件中的第一项可以通过当前图案所对应的空格在游戏地图上的标号是否相等来判断。第二项条件的判断略为复杂，通过分析将其细化为 3 种情况分别进行处理。

1. 拐角数为 0 的连线

如果两相同图案之间可以通过垂直或水平的直线相连，如图 11-7 所示，则认为其二者之间满足消除条件。

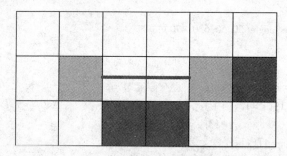

图 11-7　拐角数为 0 的连线

满足这一连接条件的前提有两个：

- 两个图案在同一列或同一行。
- 在图案之间连线上没有其他未消除的图案。

在编写代码时，只需对当前图案的坐标进行比较即可，代码如下。

```
//使用此函数判断当前图案是否在同一行或同一列上
BOOL CLLKView::IsTypeOne(int x0,int y0,int x1,int y1){
    int start,end,i ;
    if( x0!=x1 && y0!=y1)
        return 0;
    if(x0 == x1)   //同一行
    {
        if(y0 > y1) { start = y1; end = y0;}
        else { start = y0; end = y1;}
        for(i = start +1;i < end;i ++)
        {
          if(map[x0][i] !=0)
          return 0;
        }
    if(y0 == y1)   //同一列
    {
        if(x0 > x1) { start = x1; end = x0; }
        else { start = x0; end = x1; }
        for(i = start +1;i < end;i ++)
        {
            if(map[i][y0] !=0)
            return 0;
        }
    }
    return 1;
}
```

2. 拐角数为 1 的连线

如果两相同图案之间的连线只有一个折角，如图 11-8 所示，则认为其两者之间满足消除条件。

此条件满足与否可以通过下述 3 个步骤进行判断：

1）如果当前的两个图案不在同一行或同一列上，则以这两个图案所处位置的坐标构建矩形。

2）找到矩形中其他两个顶点，记为 p3、p4，如图 11-9 所示。

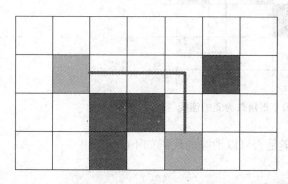

图 11-8 拐角数为 1 的连线

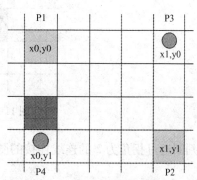

图 11-9 通过当前图案所在位置
p1、p2 构建的矩形

3）判断 p3、p4 的性质，如果同时满足：其中某一点位置上无图案；此位置与两个图案所在位置之间满足第一类消除条件。则认为当前的两个图案之间满足消除条件。

判断通过拐角为 1 的连线连接的图案是否可以消除的代码如下。

```
//拐角为 1 的连线连接的图案是否可以消除
BOOL CLLKView::IsTypeTwo( int x0,int y0,int x1,int y1 )
{
    if( map[ x0 ][ y1 ] ==0 && IsTypeOne( x0,y0,x0,y1 ) && IsTypeOne( x0,y1,x1,y1 ) )
        return 1;
    if( map[ x1 ][ y0 ] ==0 && IsTypeOne( x0,y0,x1,y0 ) && IsTypeOne( x1,y0,x1,y1 ) )
        return 1;
    return 0;
}
```

3. 拐角数为 2 的连线

第三种消除条件的设定针对的是图案之间连线拐角数量为 2 的情况，如图 11-10 所示。此时，处于 (x0, y0)，(x1, y1) 两个位置上的图案无法通过之前的两种方式连接，而只能通过两次折线连接，观察连线之间的转折点可以发现，两个转折点都与 (x0, y0)，(x1, y1) 两个位置中的一个通过第一类方式连接，而与另外一个以第二类方式连接，因此，对于这一情况下两图案是否可以消除的判断就转化为能否找到连线中的转折点的问题。

由以上分析可得出此情形下两图案是否可消除的判断方法：由左上方的图案位置出发，按图 11-10 中黑色箭头所指的 4 个方向递进，并判断当前位置是否与左上方图案满足一类连接条件以及是否与另一图案满足第二类连接条件，如果都满足，则认为两图案可以消除。

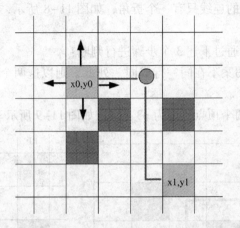

图 11-10 拐角数为 2 的连线

判断通过拐角为 2 的连线连接的图案是否可以消除的代码如下。

```cpp
//拐角为2的连线连接的图案是否可以消除
BOOL CLLKView::IsTypeThree(int x0,int y0,int x1,int y1)
{
    int i = 0;

    for(i = 0;i < y0;i ++)
    {
        if(map[x0][i] == 0 && IsTypeOne(x0,i,x0,y0) == 1 && IsTypeTwo(x0,i,x1,y1))
        return 1;
    }
    for(i = y0 + 1;i < 14;i ++)
    {
        if(map[x0][i] == 0 && IsTypeOne(x0,i,x0,y0) == 1 && IsTypeTwo(x0,i,x1,y1))
        return 1;
    }
    for(i = 0;i < x0;i ++)
    {
        if(map[i][y0] == 0 && IsTypeOne(i,y0,x0,y0) == 1 && IsTypeTwo(i,y0,x1,y1))
        return 1;
    }
    for(i = x0 + 1;i < 10;i ++)
    {
        if(map[i][y0] == 0 && IsTypeOne(i,y0,x0,y0) == 1 && IsTypeTwo(i,y0,x1,y1))
        return 1;
    }
```

```
        return 0;
    }
```

11.3.5 添加鼠标事件

本游戏是通过在两个图案上单击并确定其二者是否满足消除条件来实现游戏逻辑的，因此要为游戏添加鼠标事件。在游戏区连续单击两次后，需要记录鼠标点在哪一个矩形框上并返回两个矩形框小格的行列序号。通过上述消除条件判断方法来确定是否满足消除条件，如果满足，则消除图案。当所有图案都消除后，游戏结束。

1. 添加单击事件处理函数

在"MFC类向导"中选择"消息"选项，双击"WM_LBUTTONDOWN"选项，如图10-22所示。单击"编辑代码"选项后，可以看到LLKView.h中将添加void CLLKView::OnLButtonDown(UINT nFlags, CPoint point)函数。

2. 获取第一次单击位置以及图案编号

游戏中图案的空间范围是一个矩形区域，而单击位置是一个点，需要编写代码来判断当前单击位置在哪一个图案所占的矩形区域中，并且记录这一图案的序号。示例程序中Point-Position(CPoint point, int &x, int &y)实现了上述功能，代码如下。

```
bool CLLKView::PointPosition(CPoint point, int &x, int &y)
{
    CRect rect;
    for(int i = 1; i <= 8; i ++ )
    for(int j = 1; j <= 12; j ++ )
    {
        rect.SetRect(100 + 40 * (j - 1), 100 + 40 * (i - 1), 140 + 40 * (j - 1), 140 + 40 * (i -
1));
        if(rect.PtInRect(point))
        {
            x = i;
            y = j;
            return true;
        }
    }
    x = -1;
    y = -1;
    return false;
}
```

在此函数中，传入的CPoint类型的point变量记录了当前鼠标在窗口中单击的位置，传入的int引用类型变量x，y分别用于记录鼠标单击位置对应的图案所在的矩形区域序号。函数中通过嵌套循环重新构建了图案区域的划分并表示为CRect类型的变量，另一效率更高的办法是将 CRect 类型的区域存入一个数组，每次判断点的位置时在数组中循序取出元素进行位置比对。如果单击位置不在游戏区域内，则令 x = -1，y = -1；并返回 false。

点击事件处理函数中根据 PointPosition 函数的返回值确定是否进行下一步处理，如果返回值为真，则由引用参数 x，y 传回的坐标取到对应图案的编号，代码如下。

```
if( x! = -1 && y! = -1 && map[ x][ y]! = 0)
{
    pointlist. AddTail( CPoint( x,y) );
    last = map[ x][ y];
    return;
}
```

得到图案的编号后，将其存储，以便判断其和第二次单击的图案位置是否满足消除条件，此处使用了 CList 容器变量 pointlist。从上面 if 语句中可以看到，如果单击在游戏区域以外，或是单击区域没有任何图案，则不为 pointlist 添加任何内容。

3. 获取第二次单击位置以及图案编号

通过查看 CList 容器变量 pointlist 中是否添加了内容判断之前单击操作是否有效，程序中使用以下代码，如果 pointlist 为空，则进行获取第一次单击位置以及图案编号的操作后直接返回，代码如下。

```
if( pointlist. IsEmpty( ) )
{
    …
    return;
}
```

如之前操作有效，则判断当前单击操作是否为第二次有效操作，如果此次单击在游戏区域之外，则需要清空 pointlist，使之前的操作也失效，代码如下。

```
if( !PointPosition( point,x,y) )
{
    pointlist. RemoveAll( );
    return;
}
```

如果单击在游戏区域，但是第二次单击的图案和第一次相同，也判断为无效操作，需要清空 pointlist。

```
if( x == pointlist. GetHead( ). x && y == pointlist. GetHead( ). y)
{
    pointlist. RemoveAll( );
    return;
}
```

最后，判断单击图案序号是否和之前单击图案的序号相同，如果相同，则调用上述消除条件判断方法判断是否满足消除条件，代码如下。

```
if(x! = -1 && y! = -1 && map[x][y] == last)
{
    pointlist. AddTail(CPoint(x,y));
    if(IsTypeOne(x,y,pointlist. GetHead(). x,pointlist. GetHead(). y) ‖
        IsTypeTwo(x,y,pointlist. GetHead(). x,pointlist. GetHead(). y)  ‖
        IsTypeThree(x,y,pointlist. GetHead(). x,pointlist. GetHead(). y) )
    {
        map[x][y] = 0;
        map[pointlist. GetHead(). x][pointlist. GetHead(). y] = 0;
        Invalidate(FALSE);
    }
}
```

11.3.6　添加游戏辅助功能

在此介绍两个游戏辅助功能，其一为当单击的两个图案可以消除时，在游戏界面上即时显示两图案之间的连线，并随图案消失而消失。另一辅助功能为记录游戏时间。

1. 添加连线

（1）声明变量

在文件 LLKView. h 的 CLLKView 类中声明变量，代码如下。

```
class CLLKView:public CView
{
    …
    Public:
        CArray < CPoint,CPoint > LinePoints;
    …
}
```

此变量用于存储连线的各节点坐标，以便后继画线操作。

（2）为 LinePoints 添加数据

为 LinePoints 中添加连线节点，如果两个图案之间可以以上述三种连接方式中的任意一种相连，则需要添加连线上的节点，此处对此三种情况下节点的添加分别进行描述。

两图案通过直线相连，即第一类连接，需要为 LinePoints 添加直线的起点和终点位置坐标。代码如下。

```
BOOL CLLKView::IsTypeOne(int x0,int y0,int x1,int y1)
{
    …
    CPoint point1;
```

```
        CPoint point2;
        point1. x = x0;
        point1. y = y0;
        LinePoints. Add( point2);
        LinePoints. Add( point1);
        return 1;
        ...

    }
```

如果是第二类连接，可以简化为找到连线的拐点并两次判断其与起点与终点之间是否满足第一类条件。此时应当注意，如果连线拐点与起点、终点中的一个可以满足第一类相连条件而与另一个不满足，需要将 LinePoints 清空。代码如下。

```
    BOOL CLLKView::IsTypeTwo( int x0,int y0,int x1,int y1)
    {
        if( map[ x0][ y1] ==0 && IsTypeOne(x0,y1,x0,y0) && IsTypeOne(x1,y1,x0,y1))
            return 1;
        LinePoints. RemoveAll( );
        if( map[ x1][ y0] ==0 && IsTypeOne(x1,y0,x0,y0) && IsTypeOne(x1,y1,x1,y0))
            return 1;
        LinePoints. RemoveAll( );
        return 0;

    }
```

如果是第三类连接，在之前也描述过第三类连接的消除条件判断是通过找到一个与起点或终点之一以第一类连接方式连接，并与另一个以第二类连接方式连接。此时，如果仍然使用上面的方式直接清除 LinePoints 中已有的元素，可能导致连接线段的缺失，因此需对函数作如下修改。

```
    BOOL CLLKView::IsTypeTwo( int x0,int y0,int x1,int y1)
    {
        CArray < CPoint,CPoint > LinePointsTemp;
        LinePointsTemp. Copy( LinePoints);

        if( map[ x0][ y1] ==0 && IsTypeOne(x0,y1,x0,y0) && IsTypeOne(x1,y1,x0,y1))
            return 1;
        LinePoints. RemoveAll( );
        LinePoints. Copy( LinePointsTemp);
        if( map[ x1][ y0] ==0 && IsTypeOne(x1,y0,x0,y0) && IsTypeOne(x1,y1,x1,y0))
            return 1;

        LinePoints. RemoveAll( );
```

```
        LinePoints. Copy( LinePointsTemp) ;
        return 0;
}
```

至此，折线上所有点的位置都被加入 LinePoints 中，需要注意的是有些点可能被多次加入。

（3）使用 LinePoints 中的元素画线

在文件 LLKView. h 中添加一个成员函数 DrawLines( )用于画线，并在 LLKView. cpp 中予以实现。

由于 LinePoints 中有重复添加的位置点，在此需要将这些重复添加的点去除。代码如下。

```
CArray < CPoint,CPoint >  LinePointsClean;
LinePointsClean. Add( LinePoints[ 0 ] ) ;
for( int i = 0; i < LinePoints. GetSize( ) ; i + + )
{
    bool bAdd = true;
    for( int j = 0; j < LinePointsClean. GetSize( ) ; j + + )
    {
        if( LinePoints[ i ] = = LinePointsClean[ j ] )
            bAdd = false;
    }
    if( bAdd)
        LinePointsClean. Add( LinePoints[ i ] ) ;
}
```

此外，由于之前 LinePoints 中存储的只是图案以及其之间连线拐点所在的矩形区域序号，在画线过程中需要将其变为具体的屏幕坐标并逐步画出，同时要求画出的连线不能压盖已有图案。代码如下。

```
void CLLKView: :DrawLines( )
{
    CPoint OrigPt,EndPt;
    CPoint pt1,pt2;
    int nTemp = LinePointsClean. GetSize( ) ;
    for( int i = 0; i < nTemp - 1; i + + )
    {
        pt1 = LinePointsClean[ i ] ;
        pt2 = LinePointsClean[ i + 1 ] ;

        int xDis,yDis;
        xDis = pt2. x  -  pt1. x;
```

```
        yDis = pt2. y － pt1. y;

        //终点在起点水平右方时
        if( yDis > 0 )
        {
                if( i == 0 )
                        OrigPt. y = 100 + pt1. y * 40;
                else
                        OrigPt. y = 100 + pt1. y * 40 － 20;

                OrigPt. x = 100 + pt1. x * 40 － 20;

                if( i == nTemp － 2 )
                        EndPt. y = 60 + pt2. y * 40;
                else
                        EndPt. y = 80 + pt2. y * 40;

                EndPt. x = OrigPt. x;
        }
        //终点在起点水平左方时
        else if( yDis < 0 )
        {
                if( i == 0 )
                        OrigPt. y = 60 + pt1. y * 40;
                else
                        OrigPt. y = 80 + pt1. y * 40;

                OrigPt. x = 100 + pt1. x * 40 － 20;

                if( i == nTemp － 2 )
                        EndPt. y = 100 + pt2. y * 40;
                else
                        EndPt. y = 80 + pt2. y * 40;

                EndPt. x = OrigPt. x;
        }
        //终点在起点垂直下方时
        else if( xDis > 0 )
        {
                OrigPt. y = 100 + pt1. y * 40 － 20;
                if( i == 0 )
                        OrigPt. x = 100 + pt1. x * 40;
```

```
        else
                OrigPt. x = 80 + pt1. x * 40;

        EndPt. y = OrigPt. y;

        if( i == nTemp - 2 )
                EndPt. x = 60 + pt2. x * 40;
        else
                EndPt. x = 80 + pt2. x * 40;
    }
    //终点在起点垂直上方时
    else if( xDis < 0 )
    {
        OrigPt. y = 100 + pt1. y * 40 - 20;

        if( i == 0 )
                OrigPt. x = 60 + pt1. x * 40;
        else
                OrigPt. x = 80 + pt1. x * 40;

        EndPt. y = OrigPt. y;

        if( i == nTemp - 2 )
                EndPt. x = 100 + pt2. x * 40;
        else
                EndPt. x = 80 + pt2. x * 40;
    }
    CPen  * pPenRed = new CPen( );
    pPenRed -> CreatePen( PS_SOLID,5,RGB( 255,0,0 ) );
    CDC  * pDC = GetDC( );
    CGdiObject  * pOldPen = pDC -> SelectObject( pPenRed );
    pDC -> MoveTo( OrigPt. y,OrigPt. x );
    pDC -> LineTo( EndPt. y,EndPt. x );
    pDC -> SelectObject( pOldPen );//恢复以前的画笔
    delete pPenRed;
    ReleaseDC( pDC );
    }
    _sleep( 200 );
}
```

图案之间画连线的效果如图 11-11 所示。

图 11-11　游戏连线效果

（4）为鼠标事件处理程序添加 DrawLines( )函数

```
void CLLKView::OnLButtonDown( UINT nFlags,CPoint point)
{
    ...
    if( !PointPosition( point,x,y) )
    {
        LinePoints. RemoveAll( ) ;
        ...
    }
    if( x == pointlist. GetHead( ). x && y == pointlist. GetHead( ). y)
    {
        LinePoints. RemoveAll( ) ;
        ...
    }
    if( x!= -1 && y!= -1 && map[x][y] == last)
    {
        pointlist. AddTail( CPoint( x,y) ) ;
        if( IsTypeOne( x,y,pointlist. GetHead( ). x,pointlist. GetHead( ). y)  ||
        IsTypeTwo( x,y,pointlist. GetHead( ). x,pointlist. GetHead( ). y)  ||
        IsTypeThree( x,y,pointlist. GetHead( ). x,pointlist. GetHead( ). y) )
        {
            map[x][y] = 0 ;
            map[ pointlist. GetHead( ). x][ pointlist. GetHead( ). y] = 0 ;

            DrawLines( ) ;
            Invalidate( FALSE) ;
```

```
            }
        }
        pointlist. RemoveAll( );
        LinePoints. RemoveAll( );

        …
    }
```

上述代码中使用了大量 LinePoints. RemoveAll( )语句，用于在图案不能消除情况下清除 LinePoints 中所有的数据，在画图结束后，调用 Invalidate（FALSE）刷新视图，可以看到连线和图案都被消除。

2. 记录时间

通过为状态栏添加时间显示用于记录游戏进行的时长。

（1）添加字符串资源

为程序添加一个字符串资源用于记录和显示游戏进行的时长。

在 Resource View 资源视图中打开 String Table 字符串资源，然后在最后一行的下一个空白行中或者任意处右击，在弹出的快捷菜单中选择"New String"命令，添加一个新的字符串资源，ID 为 ID_INDICATOR_TIME，保留默认分配的值字段，将标题设为"00：00：00"，如图 11-12 所示。

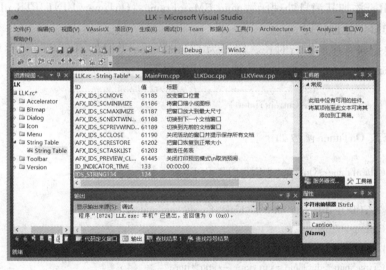

图 11-12　添加字符串资源

（2）添加指示器

打开 MainFrm. cpp，在 indicators 数组后插入 ID_INDICATOR_TIME。代码如下。

```
static UINT indicators[ ] =
{
    ID_SEPARATOR,              // status line indicator
```

```
        ID_INDICATOR_CAPS,
        ID_INDICATOR_NUM,
        ID_INDICATOR_SCRL,
        ID_INDICATOR_TIME
    };
```

（3）创建定时器

要实时显示系统时间，就需要使用一个定时器，每秒更新一次时间显示。在 CMain-Frame::OnCreate 函数中开启定时器，代码如下。

```
int CMainFrame::OnCreate(LPCREATESTRUCT lpCreateStruct)
{
    …
    SetTimer(1,1000,NULL);
    return 0;
}
```

（4）添加时钟事件

在 Class View 类视图中单击选中 CMainFrame，右击，在弹出的快捷菜单中选择"Prop-erties"命令，然后在显示出来的属性页中单击工具栏上的 Messages 按钮显示消息列表，找到 WM_TIMER，添加其消息处理函数 void CMainFrame::OnTimer(UINT_PTR nIDEvent)。

（5）添加事件处理代码

程序需要记录程序的运行时长，因而为 CMainFrame 类添加一个 CTime 类型的变量，并在 CMainFrame::OnCreate 函数中为其赋值，代码如下。

```
    startTime = CTime::GetCurrentTime();
```

之后，修改 OnTimer 函数如下。

```
void CMainFrame::OnTimer(UINT_PTR nIDEvent)
{
    // TODO：Add your message handler code here and/or call default
    CString strTime;
    CTime curTime = CTime::GetCurrentTime();
    CTimeSpan  durTime = curTime - startTime;
    strTime = durTime.Format(_T("%H:%M:%S"));
    m_wndStatusBar.SetPaneText(4,strTime);
    CFrameWnd::OnTimer(nIDEvent);
}
```

（6）编译运行窗口

编译、链接后，程序运行结果如图 11-13 所示。

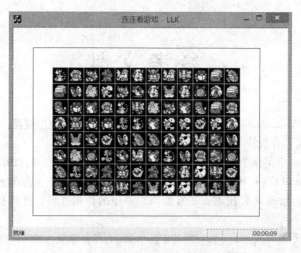

图 11-13　最终效果图

11.4　小结

本章所介绍的连连看游戏还有许多功能，请读者自行完成。其中值得一提的是，如何避免出现"没有可以消除的图案"的情况，或是当发生这一情况时，自动重新排列图案以使游戏能够继续进行，有待读者多多思考。

参 考 文 献

[1] 官章全, 刘加明. Visual C++ 6.0 类库大全 [M]. 北京: 电子工业出版社, 2000.

[2] 姚领田. 精通 MFC 程序设计 [M]. 北京: 人民邮电出版社, 2006.

[3] 任哲. MFC Windows 应用程序设计 [M]. 3 版. 北京: 清华大学出版社, 2013.

[4] 葛垚, 雷超然. Visual C++ MFC 棋牌类游戏编程实例 [M]. 北京: 人民邮电出版社, 2006.

[5] 左鲁梅, 黄心渊. 纹理映射技术在三维游戏引擎中的作用 [J]. 计算机仿真, 2004, 21 (10): 146-148.

[6] 翟军昌. 浅析游戏引擎开发 [J]. 长春师范学院学报: 自然科学版, 2006, 25 (1): 55-58.

[7] Jeff Prosise. MFC Windows 程序设计 [M]. 北京: 清华大学出版社, 2013.

[8] 沈大林, 杨旭. C++游戏设计案例教程 [M]. 北京: 电子工业出版社, 2009.

[9] David Conger. C++游戏开发 [M]. 北京: 机械工业出版社, 2007.

[10] 邹吉滔, 姚雷, 易巧玲. C++游戏编程 [M]. 北京: 清华大学出版社, 2011.

[11] 屈喜龙, 雷晓, 钟绍波. 游戏开发设计基础教程 [M]. 北京: 清华大学出版社, 2011.

[12] 聂明. 游戏开发导论 [M]. 西安: 西安电子科技大学出版社, 2009.

[13] 恽如伟, 董浩. 网络游戏编程教程 [M]. 北京: 机械工业出版社, 2009.

[14] Tony Gaddis. C++图形与游戏编程基础 [M]. 周靖, 译. 北京: 清华大学出版社, 2011.

[15] 张俊, 张彦锋. C++面向对象程序设计 [M]. 2 版. 北京: 中国铁道出版社, 2012.

[16] 刘冰, 张林, 蒋贵全, 等. Visual C++ 2010 程序设计案例教程 [M]. 北京: 机械工业出版社, 2013.

[17] 王浩. Visual C++游戏开发经典案例详解 [M]. 北京: 清华大学出版社, 2010.

[18] 胡昭民, 吴灿铭. 游戏设计概论 [M]. 4 版. 北京: 清华大学出版社, 2008.

检 43